JN293002

そらみみ植物園

西畠清順 ・ 文

そらみみ工房 ・ 画

東京書籍

はじめに

"おれ、植物が大好きなんです"

人前で、そう言うのに疲れたころだったので、この本のオファーを受けたときに "ちょうどいいかも" って思った。

だって、植物といつもいつも一緒にいたり、植物のことを365日べったり考えていたら、なんというか、なんとなくただ "好き" って素直に言えなくなってくるから。

元々、ハナクソよりも興味のなかった植物に、21歳で本当の意味で出会い、植物にモノゴコロついてからというもの、天変地異が起きたかというくらい植物のことが好きで好きで仕方なくなった。何年間も本当に寝ても覚めても植物のことを考える日が続いた。気がつけば植物のおかげでいまの自分があり、つまり植物はおれにとって生きる糧であり感謝すべきものであるけど、それと同時に、嫌なときもしんどいときも共に生きていかなくてはならない存在にもなった。時には植物のきれいでない部分やしたたかな裏側までも見なくてはならない。

腹が立つときもあるし、傷つけ合うこともある。でも離れられない。本当に一緒にいるって、きっとそういうことなんだと思う。人間関係と同じ。だから好きなひともいれば嫌いなやつもいて当然。植物ならなんでもいい、というわけでもない。いままで30カ国を旅して出会った何千、何万もの植物。ここでは、そのなかからえりすぐりをダイジェストで紹介することで、植物がいかに多様で、それにまつわる物語がいちいちおもしろいかを知ってもらえたらうれしいと思っている。結局は、おれは植物を心から愛していることには変わりがない。しかしだからこそ、この本を読み終わったら、

"おれ、植物が大好きなんです"

の代わりに、最終的にはこう言ってしまうのを理解してもらえるのかもしれない。

"植物ってねー、まぁ……いろいろあるんですよ"

そらみみ植物園　もくじ
はじめに　2

おそるべき才能をもった植物　9

- 脱皮的宝石尻植物　10
- 大きなお口の頭脳派　12
- アリえないアリをまんまと利用する植物　14
- ヒマラヤ原産の温室　16
- 浮き稲の輝かしい過去と暗い過去　18
- 郵便局の木が郵便局の木たる所以は、かさぶたのおかげだ。　20
- ユッカ ロストラータはだいたいラクダに似ている。　22

イラっとする植物　25

- なんとかタビビトノキで。　26
- ライオン殺シ　28
- 謎の未確認生物の正体をついに定義した！　30
- 本物のテディベアパームと偽物のテディベアパーム　32
- 幻の、白い極楽鳥花を追って。　34
- ウチワサボテンとイグアナの小さな格闘　36

記録より記憶に残る植物　39

- 世界いち大きなサボテンの事実　40
- 世界いち背の高いのは、なに人？　42
- 世界いちでかい木のスケール感を。　44

| 世界いち大きな花でなくても魅力は多し。　46
| 使えないけど、愛嬌さえあれば。　48
| オリーブとイチロー選手が愛される理由　50
| 日本中が見上げた、奇跡の桜　52

秘境・ソコトラ島の植物　57

| 砂漠のバラからのいざない　58
| "医者いらず"に興奮　60
| おれにはクレオパトラの気持ちが痛いほどよくわかる。　62
| 麻薬とコーヒーの中間　64
| ドラゴンブラッドツリーの性質　66

マジで!?な植物　69

| ヤギと衝動に駆られる木　70
| ハワイの王様だけが食べることを許された野菜・アエアエ　72
| 人間界と魔法界に君臨する魔草　74
| 1000年以上の時を経て、語り継がれる天下一の桜と
　　それに気づかせてくれる心の豊かさ　76
| "常識に尻を向けろ。"の木　78
| ハゲと意識改革と植林活動、そしてノコギリヤシ　80
| 管下酒田営林署管内山形県飽海郡遊佐村字鷺桑佐々木
　　鐵三郎氏所有林で発見された、不思議な栗の木の話　82
| ウスネオイデスの正体　84
| 虹色の木が教えてくれること　86

残念な植物 93

- 植物界のパンダ 94
- 偽おっぱいプランツ 96
- ああ、そうかい。 98
- ミラクルフルーツの可能性 100
- 世界いち貴重な植物 102
- これほどまでに美しい姿をしているのに。 104
- この植物を、あまり増やしてはならない。 106

ムラムラくる植物 111

- この種は世界で最も大きく、最もひわいな種 112
- 羊を絶倫にした媚薬 114
- 世界いち醜い植物の生殖活動 116
- コツチバチのダッチワイフは知的でスレている。 118
- タイの不思議なイチジクと、それにまつわる妄想 120
- クリトリアのたのしみ方 122

愛を語る植物 125

- 愛を語る、風船のなかの種 126
- "メルシー、メルシー!!" 128
- パッション違い 130
- オサメユキという名の由来 132
- 植物と自殺 134

世界を変えた植物　139

- 花と金に狂うオランダ人を襲ったチューリップバブル事件　140
- ガウディに影響を与えたチャメ　142
- ガウディに影響を与えたチャメの、銀色バージョン　144
- 天下人の世界観を変えた、一輪のアサガオ　146
- ペヨーテは神である。　148
- おれの世界を変えた植物　150
- 明日も陽はまわる。　152

おわりに　154

column
　植物そして、旅　54
　代々木ヴィレッジの庭が、なぜそんなに変わっているかというと。　90
　知るはたのしみなり。　108
　そら植物園とは。　136

おそるべき才能をもった植物

おそるべき才能をもった植物

脱皮的宝石尻植物

　世界で2番目に尻の形に似ているであろうその植物は、アフリカ大陸の南部に生きている。尻に似ているといっても、ぼってりした尻、ブツブツやシミが多い尻、ピンク色の桃尻、悪そうな尻、見事な割れ目の尻など、バリエーションが豊富だ。名前をリトープスという。どれも一度見たら忘れられない形をしているが、実はその見た目以上におもしろい性質があることも知っておきたい。

　なんと、成長の過程で脱皮をするのだ。その脱皮の仕方は想像どおり、尻の割れ目がバックリ割れて、そのなかからまた別の角度の割れ目をもった新しい尻を出す。挙げ句には、季節になると尻の穴からとんでもなくメデタイ花を咲かす。脱帽である。

　また、大概の植物は気温の高い季節に活動し、気温の低い冬には休眠をするものだが、このリトープスは、逆に冬に成長し、暑い夏に休眠をする。植木鉢で育てるとなれば、1年間で10回くらいの水やりで済むほど乾燥にも強い。

　とことん変わった性質ではあるが、植物業界では"生きた宝石"ともいわれ、人気には定評がある。たしかにリトープスと宝石は似ているかもしれない。リトープスと尻は確実に似ている。しかし、だからといって、宝石と尻は似ているわけではない。

学名　*Lithops* spp.
英名　*living-stones, mimicry plant*
流通名・通称　リトープス
主な原産・分布国　南アフリカ、ナミビア

11

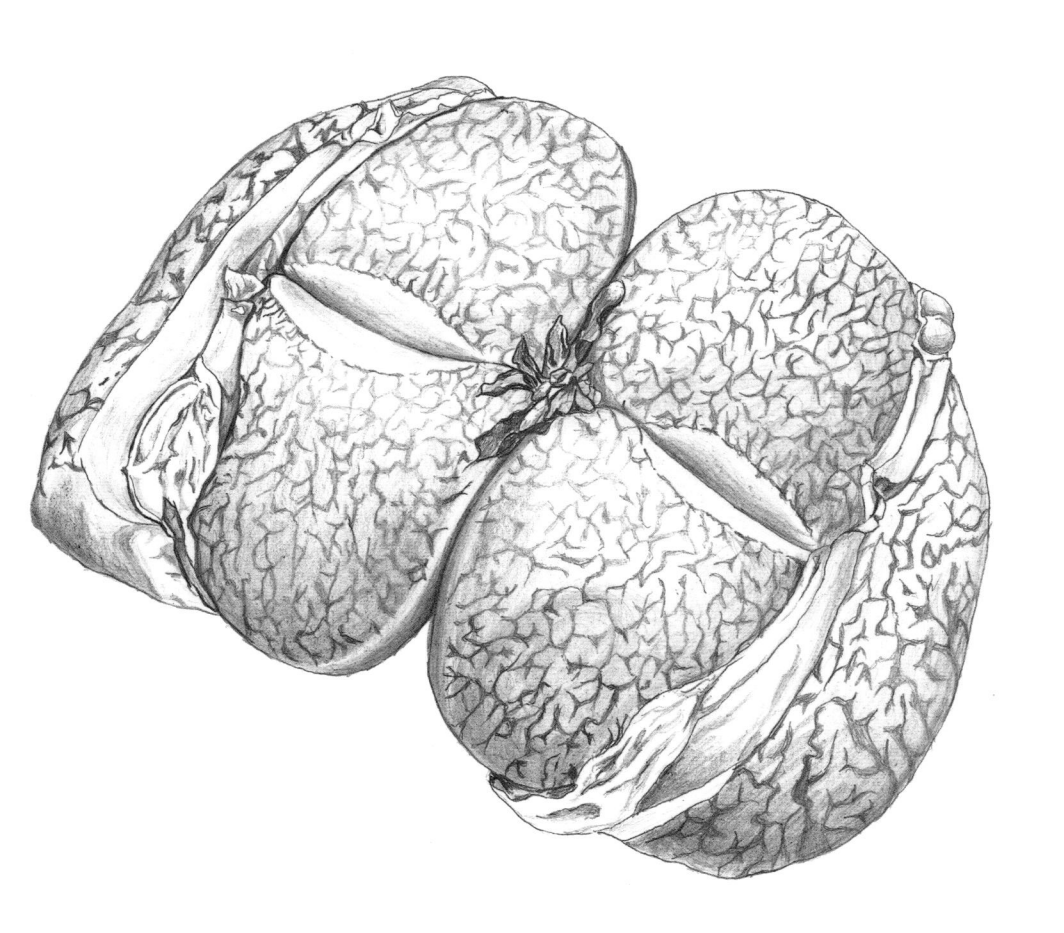

おそるべき才能をもった植物

大きなお口の頭脳派

　パックンフラワーといえば、土管などに生息していて、その上を通ろうとすると、度々その大きな口で獲物を捕らえようとする、スーパーマリオブラザーズに出てくるあの人喰い花である。ファミコン好きなら、高橋名人以外、誰もが一度は食べられた経験があるはずだ。

　そしてあの人喰い花のモデルになったであろう植物こそ、ハエジゴクである。パックンフラワー顔負けの悪そうな大きな口で実際に虫を捕らえて食べる。いや、その口に見える部分は、専門的にいうと捕虫葉と呼ばれるもので、口ではないのだが、そんなことはどうでもいい。おれたちはその口で虫などが食べられることを想像し、興奮するのだ。ハエジゴクは、1回何かがその口に触れても、それが獲物ではなく何かの間違いである可能性もあるため動かない。しかし、もう一度触れると、それが生きた獲物だと判断し、瞬く間に虫を喰らうのだ。マリオが来るにせよ来ないにせよ、一定の法則に従って延々と口をパクパクさせているパックンフラワーとは頭のよさが違う。

　ちなみに、ハエジゴクがパックンフラワーのモデルになったかどうかは、任天堂さんに確認したわけではないので、あくまでおれの個人的な想像である。

　　　　　　　　　　　　　　　　　　　　学名　*Dionaea muscipula*
　　　　　　　　　　　　　　　　　　　　英名　*Venus's-flytrap*
　　　　　　　　　　　　　流通名・通称　ハエジゴク、ハエトリソウ
　　　　　　　　　　　　　　　主な原産・分布国　アメリカ

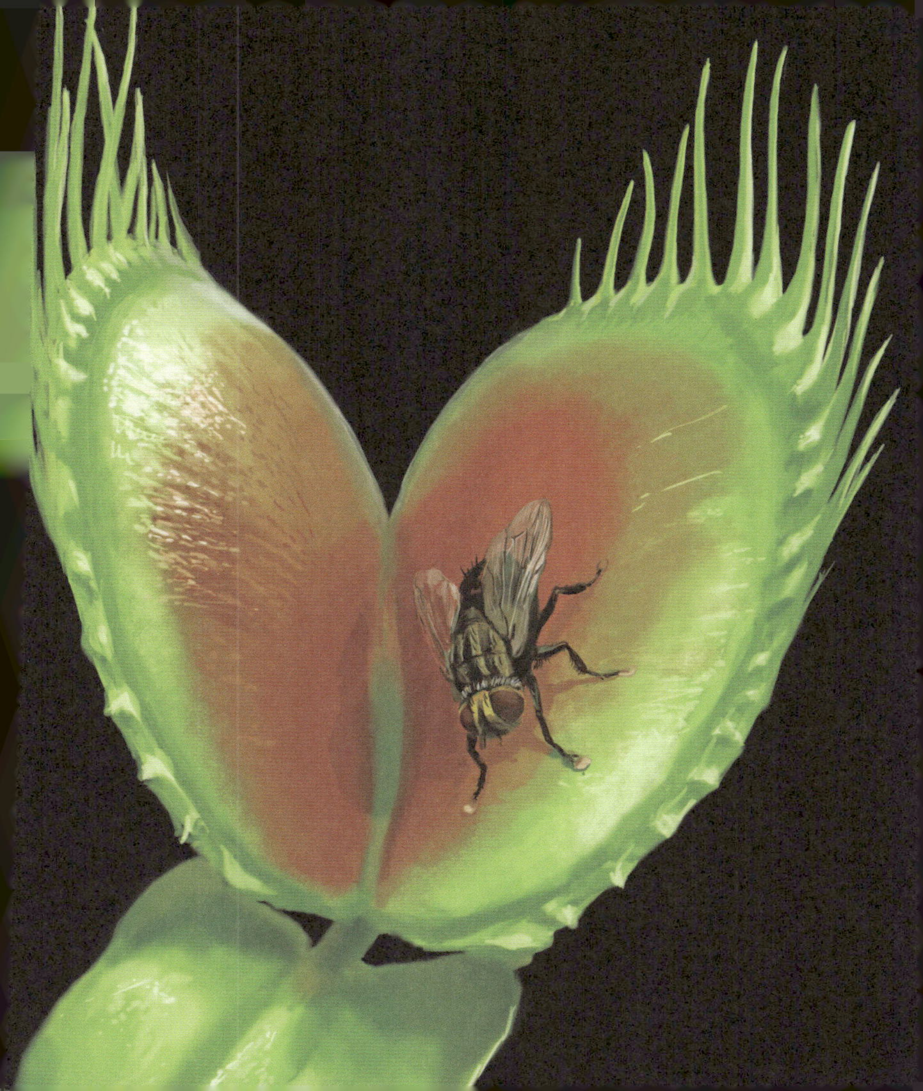

おそるべき才能をもった植物

アリえないアリをまんまと利用する植物

　ボルネオ島のジャングルの木の上で仕事をしているときに、ふと頭上の枝から細かい粉が降りかかってきたことがある。その瞬間、体中が火が付いたように激しい痛みに襲われ、そのそばに倒れ込んだ。意識も朦朧(もうろう)とするなか、全身の内側に千本の針があってそれらが絶え間なく突き刺し続ける感じだった。いまでこそ、その細かな粒みたいなものの正体が、世にも恐ろしいボルネオの無数のアリだったことを知っているが、その直後は何が起こっているのかわからず"死ぬかと思った"。

　そんなアリえないほど危険なボルネオのアリをうまく利用して、今日もまんまと心地よい暮らしをしている植物がある。高木の日当たりのよい場所を選んで着生し、その胴体のなかにアリが入れるよう通路をあけ、迎え入れて、なかでたくさんのアリを生活させている。アリと生活しているおかげで、動物などからの攻撃を逃れることができ、おまけに胴体のなかでアリが出す排泄物をおまんまとし、栄養に変えて吸収しているのだ。アリにとっても地上にいると天敵であるトカゲやアリジゴクなどに命を脅かされる危険性から守ってやっているのだから、アリノスダマはなかなか大したものである。

学名　*Hydnophytum formicarum*
英名　*ant plant*
流通名・通称　アリノスダマ
主な原産・分布国　マレーシア、フィリピン、インドネシア

15

おそるべき才能をもった植物

ヒマラヤ原産の温室

　温室とは、大切な花を寒さなどから守り、育てるための施設である。当たり前の話である。
　では、ネパール東部とチベット南東部のヒマラヤ山脈の標高 3500 〜 5000m の岩場に、数え切れないほどの温室を見かけることができることを知っているだろうか。もちろん、それらの温室もヒマラヤ山脈の厳しい寒さから大切な花を守るためにあるものに変わりはないのだが、実はその温室とは、"セイタカダイオウ" という植物そのものなのだ。さて、訳のわからない話のようである。
　正確にいうと、セイタカダイオウという植物は、自ら半透明の葉っぱをテントのように張って、背の高いドーム状の温室を作り、そのなかの空間を暖めて自分が咲かせた大切な花を育てているのだ。ちなみに温室のなかは、外気より 10 度くらい暖かい。セイタカダイオウは、ヒマラヤの環境に適応し生き抜くために、他の植物が聞いたらびっくりするような離れワザをやってのけた "温室植物" なのである。

学名　*Rheum nobile*
英名　*Sikkim rhubarb*
流通名・通称　セイタカダイオウ
主な原産・分布国　ネパール

17

おそるべき才能をもった植物

浮き稲の輝かしい過去と暗い過去

我々は独自の世界を建設している。新しい理想郷を建設するのである。
したがって伝統的な形をとる学校も病院もいらない。貨幣もいらない。
たとえ親であっても、社会の毒と思えば微笑んで殺せ。
今住んでいるのは新い故郷なのである。
我々はこれより過去を切り捨てる。
泣いてはいけない。泣くのは今の生活を嫌がっているからだ。
笑ってはいけない。笑うのは昔の生活を懐かしんでいるからだ。

狂気のポル・ポト政権が、奴隷化したカンボジアの子供たちに出した指令文書である。

反体制派、知識人は手当たり次第に惨殺し、伝統の風習など社会から不必要だと勝手に判断したものは全て排除しようとした。浮き稲もその対象になった。

カンボジアなどのデルタ地帯の農地ではよく洪水が起こる。浮き稲は洪水に対して生き延びるために水に埋もれるとその水深に合わせて茎を伸ばす。長いものでは6〜10mも茎を伸ばす、驚くべき植物なのである。洪水地帯の農地でできる唯一の穀物であり、長い間現地のひとの生きる糧であった。しかし、これほどおもしろい特徴をもった植物にもかかわらず、富国強兵を目指し農業の効率化を優先したポル・ポト政権によって、2年に一度しか収穫できない浮き稲は排除の対象になったのだ。これほどおもしろい植物なのに。

学名　*Oryza sativa* cvs.
英名　*floating rice*
流通名・通称　浮き稲
主な原産・分布国　カンボジア、パキスタン、タイ

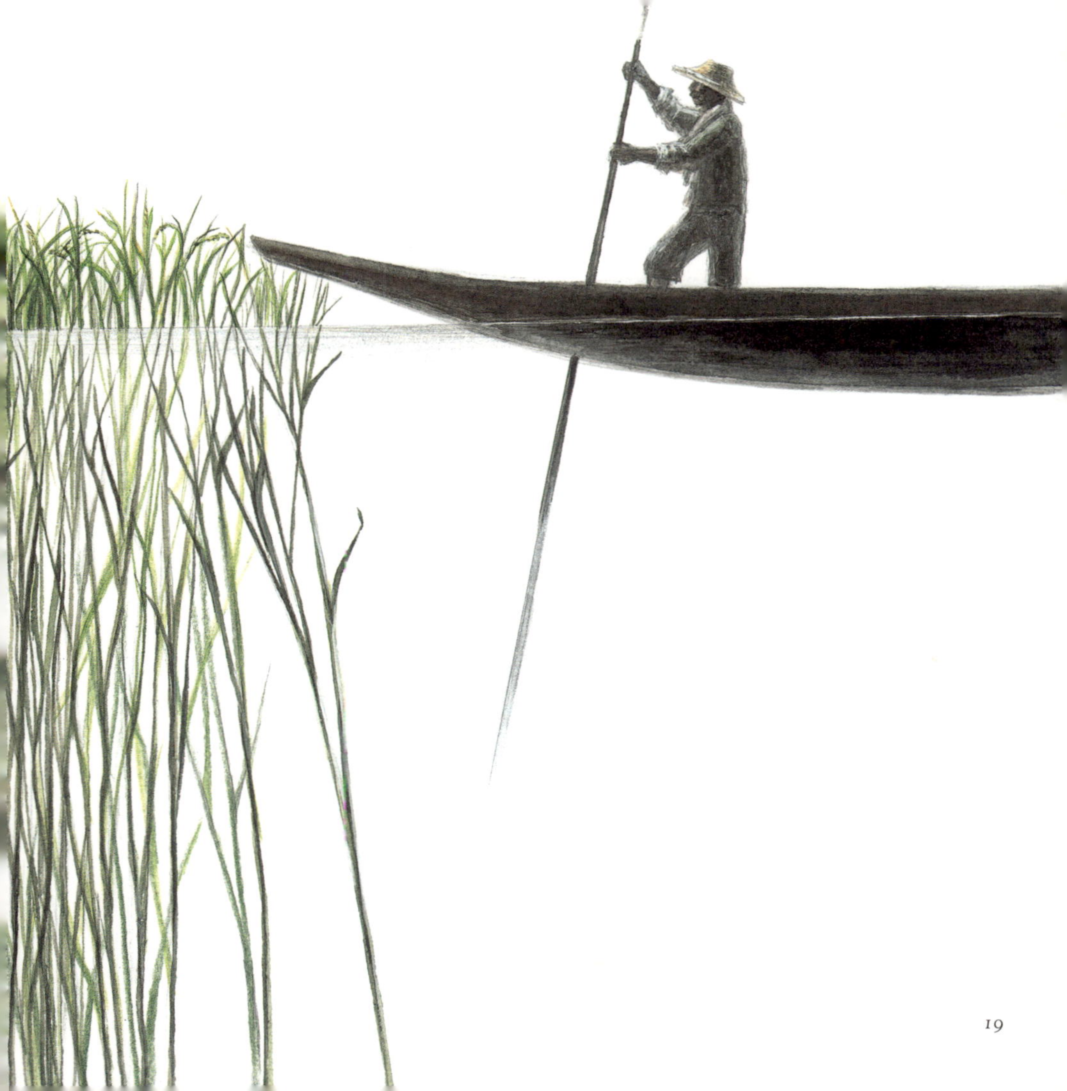

おそるべき才能をもった植物

郵便局の木が郵便局の木たる所以は、
かさぶたのおかげだ。

　そもそも郵便局の木は、モチノキ科の常緑樹で、パッとしない普通の姿をしている。タラヨウという正式名称も含めて割と地味な存在の植物だった。しかし葉っぱの裏に、つまようじなど、尖ったもので文字が書けることから、タラヨウはハガキノキと呼ばれ、昔は子供たちの遊び道具として使われたりその存在を地道に示してきた。

　そんなタラヨウに大きな転機が訪れたのは平成9年。当時の郵政省が、郵政省環境基本計画の一環として、タラヨウを「郵便局の木」とし、郵便局のシンボルツリーとして定めたのだ。実際にこの郵便局の木の葉っぱに文字を書き、120円切手を貼ってポストに入れるとちゃんと郵便はがきとして取り扱ってもらえる。

　植物は、たとえば"花がかわいい"とか、"香りがステキ"など、それぞれに魅力がある。割と地味な植物だったタラヨウが、こうやってその存在を気にしてもらえるのは葉の裏に文字が書けるという性質をもっていた、それに尽きるのだと思う。この性質は、傷から悪い病原菌などが入ってこないように黒くなって傷を固めてしまうタラヨウ独特のかさぶたが原因である。

　だから郵便局の木が郵便局の木たる所以は、かさぶたのおかげなのだ。

学名　*Ilex latifolia*
英名　*luster-leaf holly, tarajo*
流通名・通称　タラヨウ、ハガキノキ
主な原産・分布国　日本、中国

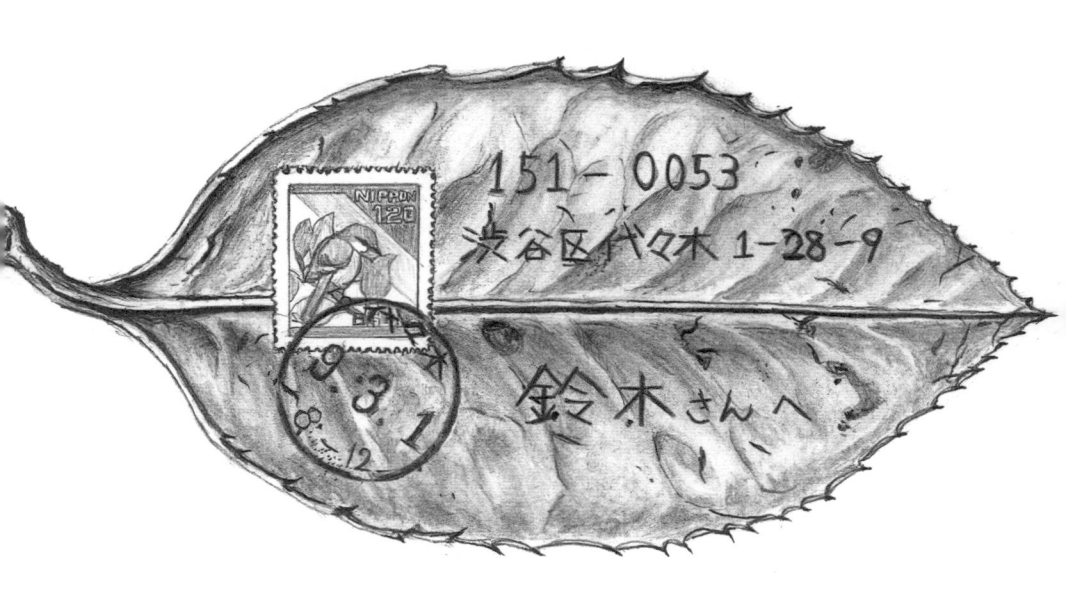

151 - 0053
渋谷区代々木1-28-9

鈴木さんへ

おそるべき才能をもった植物

ユッカ ロストラータはだいたいラクダに似ている。

　その独特の肌色と質感はだいたいラクダだし、"いかにも暑いところに住んでいる"感も似ている。
　ユッカ ロストラータは、やっぱりラクダのごとく砂漠に生きている。
　メキシコ人プラントハンターに、"ロストラータを探してほしい"とハンティングを依頼し、金を払うと、彼らはトラックに乗って探しにいく。時には馬に乗りかえて、探して集めたユッカ ロストラータは、土を落としきれいに洗浄されたあと、輸出検疫を受ける。メキシコ政府の輸出許可を得て関連書類が揃ったら、船で海を渡ってやってくる。水やりのいらない庭の主役になれることからか、いま世界中のガーデナーなどに引っ張りだこなのだ。その存在感は、うちの近所をよく散歩しているハナちゃんという白い秋田犬とその飼い主のおばちゃんも注目しているほどだ。体のなかに水をためることができて、長い時間水を飲まなくても平気なところもラクダに似ている。丈夫で、文句を言わず、ずっとそこにいてくれるところも。

学名　*Yucca rostrata*
英名　*beaked yucca*
流通名・通称　ユッカ ロストラータ
主な原産・分布国　アメリカ、メキシコ

23

イラっとする植物

イラっとする植物

なんとかタビビトノキで。

未知なるマダガスカル島のジャングルを進む。その道のりで、ひときわ大きな植物が生えているのを時折見かけた。旅人は、その植物の示してくれる方向を頼りに歩き続けた。喉が渇くと、今度はその植物の葉っぱの付け根にたまった水を飲み喉を潤した。

　これはタビビトノキを知っている人なら、誰もが思い描くような物語だろう。東西に向かって左右対称に葉を広げることから、旅人に方角を示す木としてその名が付いた。また、葉の付け根に雨水がたまるので、そこにたまっている水を旅人が飲んだことから、その名が付いたともいわれている。
　いずれにせよ旅人とのエピソードがロマンチックな名前の由来である。
　いずれにせよどっちも真っ赤なウソなのであるが。
　もし冒頭のような物語を体現すれば、実際は方角をテキトーに示しているタビビトノキのおかげで旅人は間違いなく遭難するだろう。そして焦って飲み水を求めて葉柄にたまった水を飲めば、虫の死骸や泥などが混ざった汚れた水のおかげでお腹をこわすに違いない。その挙げ句、そもそもタビビトノキが生えているのは水が豊富な湿地だと気づき、"わざわざタビビトノキの水を飲まなくてよかった"と嘆くことになる。実際は、旅人の足を引っ張ることしかできないのだが、その美しさゆえに旅人の心を癒してくれるタビビトノキ、ということでなんとかならないだろうか。

学名　*Ravenala madagascariensis*
英名　traveler's palm, traveler's tree
流通名・通称　タビビトノキ、オウギバショウ
主な原産・分布国　マダガスカル

27

ライオン殺シ

イラっとする植物

　その植物の果実は、鉤爪(かぎづめ)のような形をしていて、アフリカのサバンナでゾウやサイに踏まれるのをひたすら地面で待っている。

　踏まれると、ここぞとばかりに、その足の裏に鋭くて強靭な鉤爪を食い込ませる。痛がるゾウやサイは、跳ねるように動き回り、その衝撃で硬い果実の殻が破けると、ここぞとばかりに、なかから種を落とし繁殖するのだ。

　百獣の王ライオンの場合は足が小さいだけに踏むことはない。しかしサバンナを歩いていてその鉤爪が体毛にひっかかることがある。イラっとしたライオンは、ひっかかったその鉤爪を、口でつまんで離そうとする。すると口内にその鉤爪が突き刺さる。口を閉じる度に鉤爪は深く食い込んでいき、最終的には鉤爪が上顎と下顎を縫い合わせるように食い込むのだ。

　こうなったら最後。さすがの百獣の王ライオンもこれにはなすすべがない。鉤爪で口が縫い合わされたライオンは獲物を食べることもできず飢えて死ぬことになる。力尽き倒れたライオンの死肉は、その鉤爪のような果実の種にとって格好の肥料になるのであろう。

　世にも恐ろしい壮絶な繁殖の仕方をする、その名もライオンゴロシ。

　ヒッカケイカリというパッとしない別名もある。

学名　*Harpagophytum procumbens*
英名　*devil's claw, grapple plant*
流通名・通称　ライオンゴロシ、ヒッカケイカリ
主な原産・分布国　南アフリカ

29

イラっとする植物

謎の未確認生物の正体をついに定義した！

　ウーパールーパーやツチノコが一世を風靡するちょっと前の1970年代後半、世の中で大流行した未確認生物こそケセランパサランである。
　ケセランパサランは、空をフワフワ飛んでいて願いごとをすると願いが叶うとか、ビワの木に宿っている精霊だとか、アザミなどの植物の花の冠毛が寄り集まって固まったものだとか、鳥のウンコに混じっている毛玉だとか、なんならスペインからやってきたとか、いまでもいろいろなウワサがまことしやかにささやかれている。東北では幸せを呼ぶために先祖代々受け継いでいる家もあるらしい。しかし情報がいろいろありすぎて、とてもじゃないけど最終的にケセランパサランが何なのかわからない。むしろなんでもよくなってくる。とにかくいろいろいわれているので、あとはウィキペディアなどで個々に調べてほしい。
　ということで、ここではその正体を
　"村山富市元首相の眉毛くらいの長さの白い毛に覆われた、謎の物体"
　と定義することにした。

学名　ー
英名　ー
流通名・通称　ケセランパサラン
主な原産・分布国　ー

本物のテディベアパームと偽物のテディベアパーム

イラっとする植物

　熊のうぶ毛のような毛が生えていて、赤茶色をしている幹をもったヤシが、テディベアパームというヤシだ。学名をディプシス・レプトケイロスという。零下に下がる日本の冬の寒さにも耐えうるこのヤシは、室内だけでなくベランダや庭先でも育てられるし、かわいいし、"きっと観葉植物として人気がでる！"。そう思い、20代前半だったおれは自生地であるマダガスカルへ行ったり、海外のマニアックなヤシの生産者などを訪ね、ようやく種を入手し、国内で生産し始めた。

　それから数年後のある日。ふと日本の花市場に行くと"テディベアパーム"とタグに書かれたヤシの苗が出荷されているのを目にした。

　"いやいやそんなはずはない"

　そう思って、よくよく調べてみるとそれはディプシス・ラステリアーナと呼ばれる別種で、つまりはパチものだと判明。たしかに姿はそっくりだけれど、おれに言わせてみれば、本物のテディベアパームと比べて寒さにも弱いし、幹も本物みたいに赤くならないし、成長は2倍遅いし、専門的見解からすると全然違う。全然違うのだ。

　また国際的な人気者であるテディベアにあやかって、別種の名前を偽るラステリアーナを思うと、ちょっとイラっとする。

学名　*Dypsis leptocheilos*
英名　*teddy bear palm tree*
流通名・通称　テディベアパーム
主な原産・分布国　マダガスカル

33

幻の、白い極楽鳥花を追って。

イラっとする植物

　極楽鳥花は、南アフリカから全世界に広まった、空前の大ヒット商品である。熱帯圏の国では庭園材料として、温帯圏の国では観葉植物として、そして切り花としては世界中で流通し、大量に利用されている。さまざまな変種があり、日本では葉っぱが退化して葉柄だけになったように見えるユンケア（通称ノンリーフ）という品種や、やや葉っぱが小さく退化したパルビフォーリア、そして大きくならない矮性タイプなどが観葉植物として人気を集めている。また、極楽鳥花は通常オレンジ色の花をしているが、ゴールドクレストと呼ばれる黄色い花を咲かせる品種もある。ゴールドクレストが見つかったときは、ひと株200万円の値段がついたこともあったという。

　そんななかでおれが長年行方を追っているのが、幻といわれる"白花"の極楽鳥花だ。見つかれば簡単に億の金が稼げるといわれている。おれがその花に執心だと知っていた海外の植物ブローカーから、ある日"見つかった"と連絡が入り、白花の極楽鳥花の苗を高い金を出して買った。まだ20代のころの話だ。おれはその苗60本を大事に大事に育て花が咲くのを待った。そして2年後、次々にその極楽鳥花は、見事なオレンジ色の花を咲かせた。そのブローカーとは連絡がとれない。

学名　*Strelitzia reginae* cv.
英名　*bird of paradise*
流通名・通称　幻の白い極楽鳥花
主な原産・分布国　世界のどこか

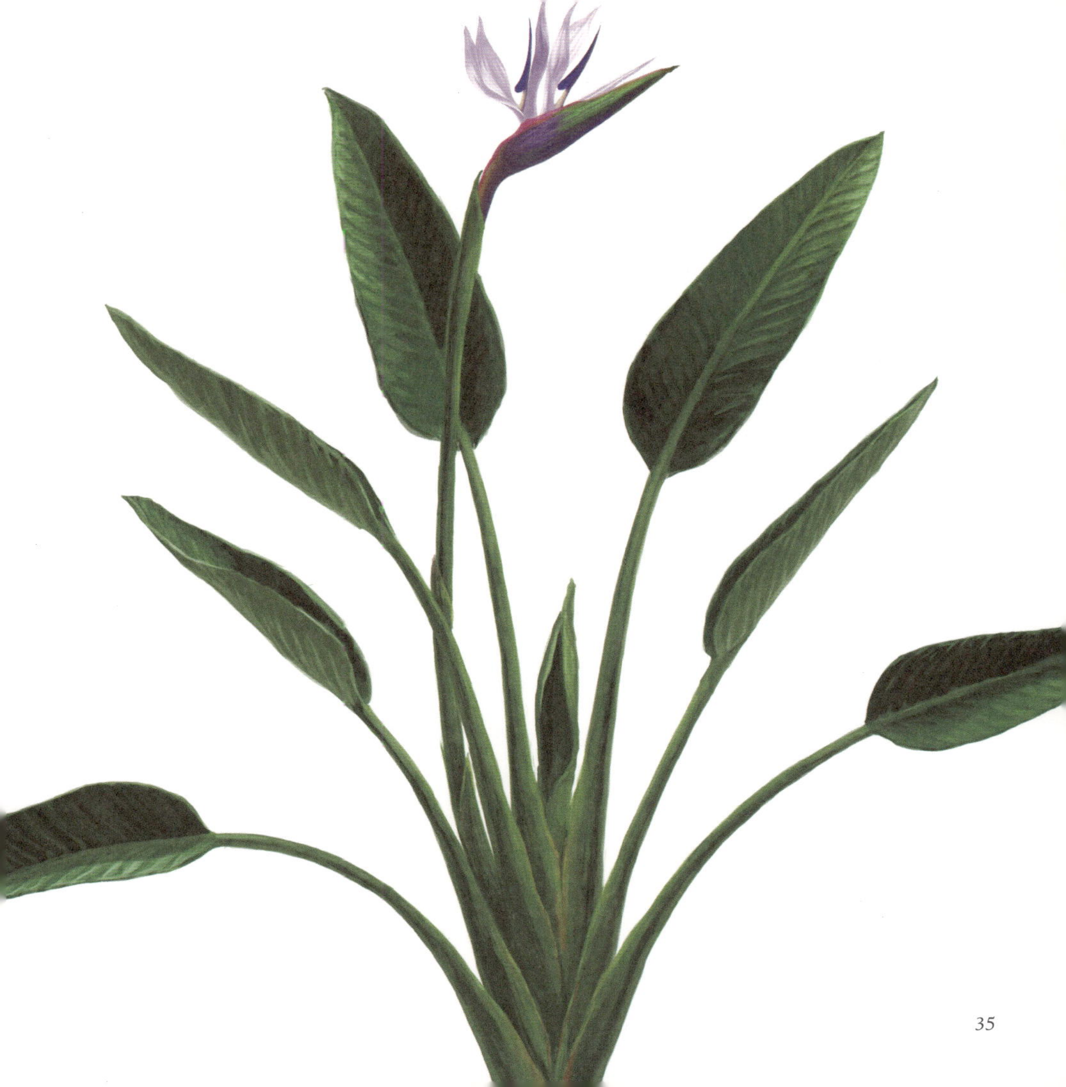

ウチワサボテンとイグアナの小さな格闘

イラっとする植物

　遠い昔の話。陸イグアナはお腹がすくといつも近くにあったウチワサボテンをかじり、胃袋を満たしていた。あまりにも体をかじられるので、腹が立ったウチワサボテンは、長い年月をかけて硬い幹をまとい、背を高く伸ばすことに成功した。そうしたら、陸イグアナは以前のようにウチワサボテンをかじることができず、ただただ指をくわえて見ていることしかできなかった。そんな陸イグアナたちの死活問題を尻目に、かじられることもなくなったウチワサボテンは、悠々自適な日々を送っていた。

　そんなある日、陸イグアナと海イグアナが出会い恋に落ちた。そして子供を産んだ。生まれた水陸両用のハイブリッドイグアナは、陸イグアナのように陸で暮らすのだけれど、海イグアナのようなするどい爪をもっていて、なんとその爪でウチワサボテンの硬い幹をよじ登り、また以前のようにウチワサボテンの柔らかくておいしい部分をかじり始めたのだ。これにはウチワサボテンもびっくり。せっかく進化して、かじられないように背を高くしたのに。いまのところ、ウチワサボテンとイグアナの進化の競争は、イグアナが優位のようだ。

　このガラパゴス諸島で繰り広げられている小さな格闘が今後どう展開していくか、長い目で見守りたいところである。何千年、何万年という進化の単位で。

学名　*Opuntia galapageia*
英名　*Galapagos prickly pear cactus*
流通名・通称　ガラパゴスウチワサボテン
主な原産・分布国　エクアドル

37

記録より記憶に残る植物

世界いち大きなサボテンの事実

　その世界いち大きなサボテンは、10tもの水分を蓄えているものもあるという。これは乗用車10台分に匹敵する重さだ。
　その世界いち大きなサボテンは、全長20mにも達するものもあるという。これは5階建てのビルに相当する高さだ。
　その世界いち大きなサボテンは、200年以上生きているものもあるという。つまり江戸時代から生きているものもあるということだ。
　その世界いち大きなサボテンは、鳥たちに寝床を提供したり、花の蜜や実など、食料を提供したりして、現地ではカクタスホテルとか、カクタスカフェと呼ばれているという。まるで最新のビジネスホテルなみのホスピタリティーだ。
　その世界いち大きなサボテンは、氷点下の気温や雪にも耐えれば、50℃の暑さにも耐えるという。これだけの気温の変化に耐えるようになっているのはそのトゲに秘密がある。外敵から身を守るだけでなく、なんとトゲを生やすことで日陰を作り暑さを凌いでいるのだ。

学名　*Carnegiea gigantea*
英名　*Arizona-giant, saguaro*
流通名・通称　サワーロ、弁慶柱
主な原産・分布国　アメリカ、メキシコ

41

世界いち背の高いのは、なに人？

記録より記憶に残る植物

　歴史上世界いち背の高いひととして有名なロバート・パーシング・ワドローさんは、身長272cmを記録した。世界で2番目に背の高い、267cmのジョン・ウィリアム・ローガンさん、そして3番目に背の高い、265cmのグラディ・パターソンさんと、人類史上最も背の高かったベスト3のひとを挙げてみると、世界にはこれだけたくさんの国があるというのにもかかわらず、偶然なのか、実は3人ともアメリカ人だったのだ。

　また、ギネスにも認定されている身長11500cmのハイペリオンさん、11400cmのヘリウスさん、11300cmのイカルスさん。そう名付けられた現在世界いち背の高い木ベスト3である彼らもまた、なんとみなアメリカ人なのである。みんなセンペルセコイアと呼ばれる杉の仲間で、カリフォルニア州にある国立公園で今日も生活している。

　とにもかくにもアメリカという国はなんでもかんでもジャンボサイズが似合う国だ。ちなみにお三方のご年齢は、2000歳超。なかなかのご高齢でもある。驚くべきは、この世界いち背の高い木たちは、歳をとればとるほど成長するスピードがどんどん上がるということだ。年齢を重ねるにつれ、どんどん元気になって巨大化が加速するその特殊な生態は、アメリカ人というよりは、どちらかというと大阪のオバチャンのようである。

学名　*Sequoia sempervirens*
英名　*coast redwood, redwood*
流通名・通称　セコイアメスギ、センペルセコイア
主な原産・分布国　アメリカ

ハイペリオンさん
11500cm

ロバートさん
272cm

清順さん
173cm

43

世界いちでかい木のスケール感を。

記録より記憶に残る植物

　世界いちでかい木（つまり体積が世界いちの木）は、アメリカ・セコイア国立公園に生きる、"シャーマン将軍の木"と名付けられた、セコイアオスギという木だ。セコイアメスギが世界いち背の高い木なのに比べて、背の高さは劣るが、圧倒的な幹の太さと質量を誇る。

　ここで想像してもらいたい。

　①長さ約70mのジャンボジェット機の重さ。

　②高さ約15mの奈良の大仏の重さ。

　③全長約30mの恐竜よりもでかい史上最大の動物、シロナガスクジラの重さ。

　④体長約60mのガメラの重さ。

　⑤体長約50mの初代ゴジラの重さ。

　さて、これらが高さ約80mのシャーマン将軍の木に比べてどれが重くて、どれがそうでないか、言い当てることはできるだろうか。

　まず、ジャンボジェット機。これは機体、燃料そして乗客や荷物を足すと350tである。奈良の大仏は250t、シロナガスクジラは190t。大映の特撮映画の『大怪獣ガメラ』は60tと設定されている。そこで気になるシャーマン将軍の木の重さなのだが、実は幹だけで1385tとされている。桁外れの驚くべき生物である。ちなみに、体長約50mのゴジラの重さは20000t。東宝さんの思い切った設定にも脱帽である。

学名　*Sequoiadendron giganteum*
英名　*big tree, giant sequoia*
流通名・通称　セコイアオスギ、セコイアデンドロン
主な原産・分布国　アメリカ

45

世界いち大きな花でなくても魅力は多し。

記録より記憶に残る 植物

　ラフレシアは、世界いち大きな花ではないのに、世界いち大きな花として有名な植物である。

　たしかに大きさだけでいうと、集合花としてラフレシアより大きな花は他に存在するためギネスには認定されていない。しかしラフレシアは、一つの独立した花としては自分こそが世界いち大きい花だと誇りに思っている。はずである。

　この植物の魅力は、ただ単に花が大きいだけではない。葉っぱや根をもたず、他の植物に寄生して養分を吸い取って、あれだけの大きな花を咲かせてしまうところにもある（ちなみに、この植物は宿主なしでは死んでしまうため、これだけ有名な植物にもかかわらずプラントハンターの標的からは外れている）。

　だが、この植物のまことの魅力は、忘れがたきその匂いである。スマトラ島に滞在していたとき、本当に運よく開花しているラフレシアに会うことができた。匂いを嗅いでみると、なんというか……足の親指の爪にたまった垢をほじって匂いを嗅いだときに陥るあの感覚……臭いのだけれどまた嗅ぎたくなるような、いけない匂いだとわかっていてもやめられないような。そんな匂いであった。

　ちなみにこの巨大な花は、開く瞬間"メリッ"と音がするといわれている。

学名　*Rafflesia arnoldii*
英名　*rafflesia*
流通名・通称　ラフレシア
主な原産・分布国　インドネシア

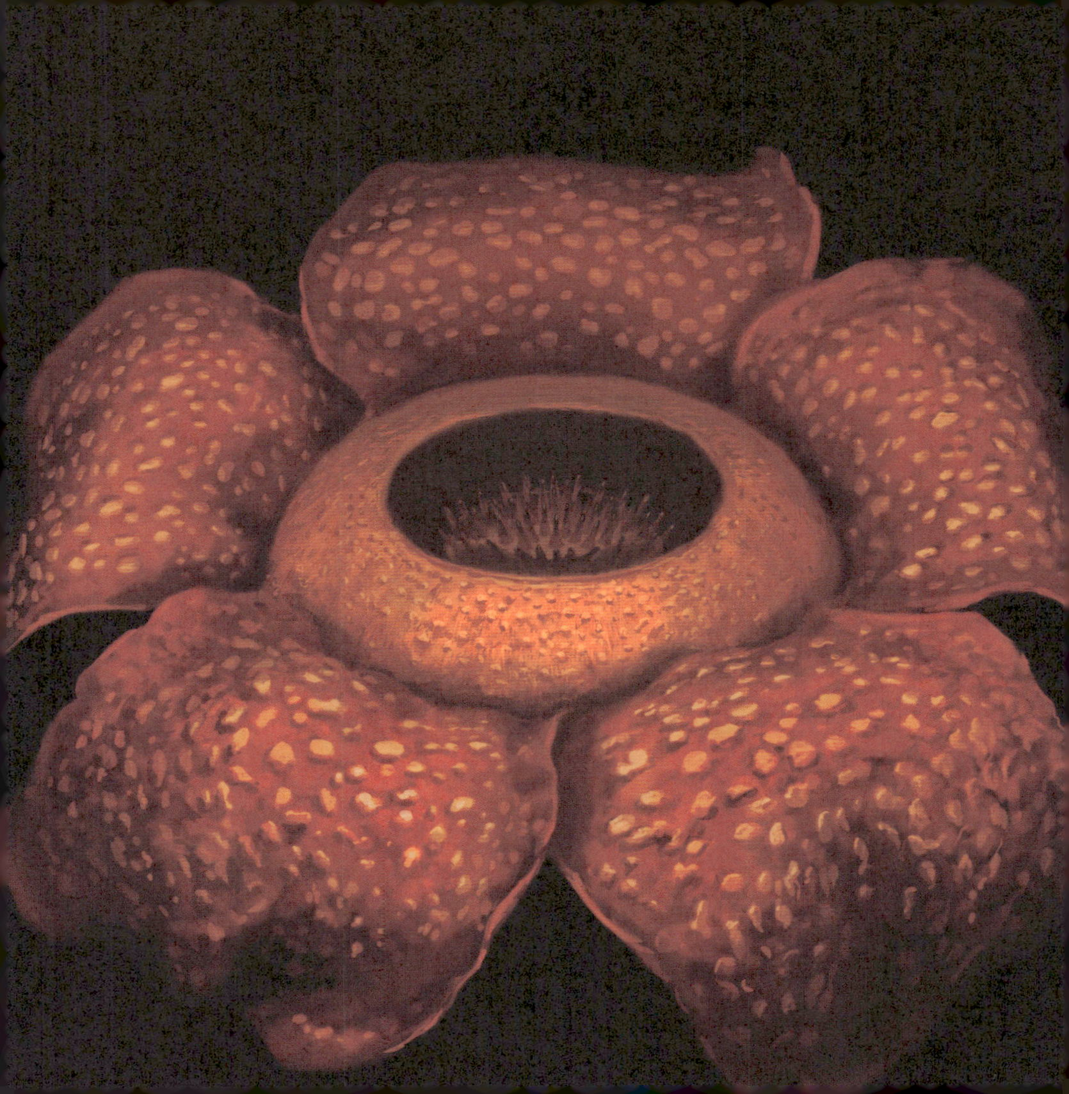

使えないけど、愛嬌さえあれば。

記録より記憶に残る植物

　材木にもならない。目立ったストーリーもない。べつに花や実がきれいというわけでもない。はたまた決してなにかの役に立つわけでもない。

　しかし、たとえ使えなくても、誰にでも愛される愛嬌あふれるその姿は、一度見ればわかる。その存在価値に言葉はいらないのだ。

　東京のど真ん中に、世界中のそうそうたるおもしろい植物が大集合している代々木ヴィレッジのなかで、広場の中心にシンボルツリーとして佇んでいるメタボリックなあの木こそ、ボトルツリーである。

　だからその詳しい生態や、壮絶だったオーストラリア内陸地での掘り出し作業、南半球から北半球まで運ぶ際の苦労話などは説明しないほうがよいのかもしれない。ただ会いに来てほしい。

　ちなみにおれが 25 歳のころ日本へ持ってきたボトルツリーこそ、海を渡った世界最大の木といわれている。詳しくは『プラントハンター 命を懸けて花を追う』にて。

学名　*Brachychiton rupestris*
英名　*Queensland bottle tree*
流通名・通称　ボトルツリー、ブラキキトン
主な原産・分布国　オーストラリア

49

オリーブとイチロー選手が愛される理由

記録より記憶に残る植物

　ノアの方舟に、鳩がオリーブの葉をくわえてきたことで洪水の水が引いたことをノアとその家族は知ることができた。オリーブは平和と繁栄の象徴として古くから愛され、国連のシンボルにもなっていて、世界的にも重要な存在だ。庭木としても常緑樹で花が咲き、実も成るし、剪定にも移植にも強いし、乾燥にも寒さにも暑さにも強い。おまけに潮害にも強い。庭を彩る植物界のスターは世界中に数あれど、走攻守全ての条件がこれほど揃っている選手は世界を見渡してもなかなかいない。いうなれば、イチロー選手のような存在である。大きなオリーブを見ていると、軸（幹）は力強くてブレないのに、全体の印象はスタイリッシュ。ますますイチロー選手みたいである。

　人類は7000年以上も前からこの植物を愛し、食し、育て、全世界へ広げてきた。それだけ長い間、ずっと変わらず活躍し続ける植物もまた稀有な存在である。10年連続200本安打など数々の名記録を達成しているイチロー選手を思い出す。一世を風靡することはできても、一番難しいのは活躍し続けることなのだ。オリーブやイチロー選手が世の中でこれだけ愛されているのは、スター性はもちろん、常に活躍し続けているからなのだ。

学名　*Olea europaea*
英名　*common olive, olive*
流通名・通称　オリーブ
主な原産・分布国　スペイン、イタリア、モロッコ、トルコなど

51

日本中が見上げた、奇跡の桜

記録より記憶に残る 植物

「桜を見上げよう。」Sakura Project は東日本大震災からの復興を願い、日本全国47都道府県全ての県から桜を集め、震災約1年後に、一斉に咲かせてほしいという前代未聞の依頼を受け、挑んだプロジェクトだった。

北は北海道から南は沖縄まで。植物園から桜の名所まで。植木屋さんから大学まで。企業から寺院まで。行政から個人まで……被災3県からは津波に耐えた桜など……。全国のたくさんのひとたちの協力で桜が集まり、それらは兵庫県にある「花宇」の温室と冷蔵室で1カ月間の徹底した温度管理の末、全ての桜はイベント当日に合わせて見事に満開となり、巨大な植木鉢のなかでひとつとなった。

完成した日本桜は、高さ8m、重さ7tにもなり、ひとの手で咲かせた世界最大の桜でもあった。各局のニュースに次々と取り上げられ、大きな反響を呼んだ。日本桜を見上げて、声を上げるひと、何度もシャッターを切るひと、涙するひと、そして植木鉢に想い想いのメッセージを書くひとなど、桜の下には連日ひとが絶えることはなかった。

この壮大なプロジェクトは、ルミネ、ジェイアール東日本企画、纏パブリッシング、復興デパートメント、そして箭内道彦さんとともに挑んだものである。

日本桜とは桜の品種名ではない。全国のひとの思いがひとつになり東京に数日間限り咲いていた、奇跡の桜なのである。

学名 −
英名 −
流通名・通称 **日本桜**
主な原産・分布国 **日本**

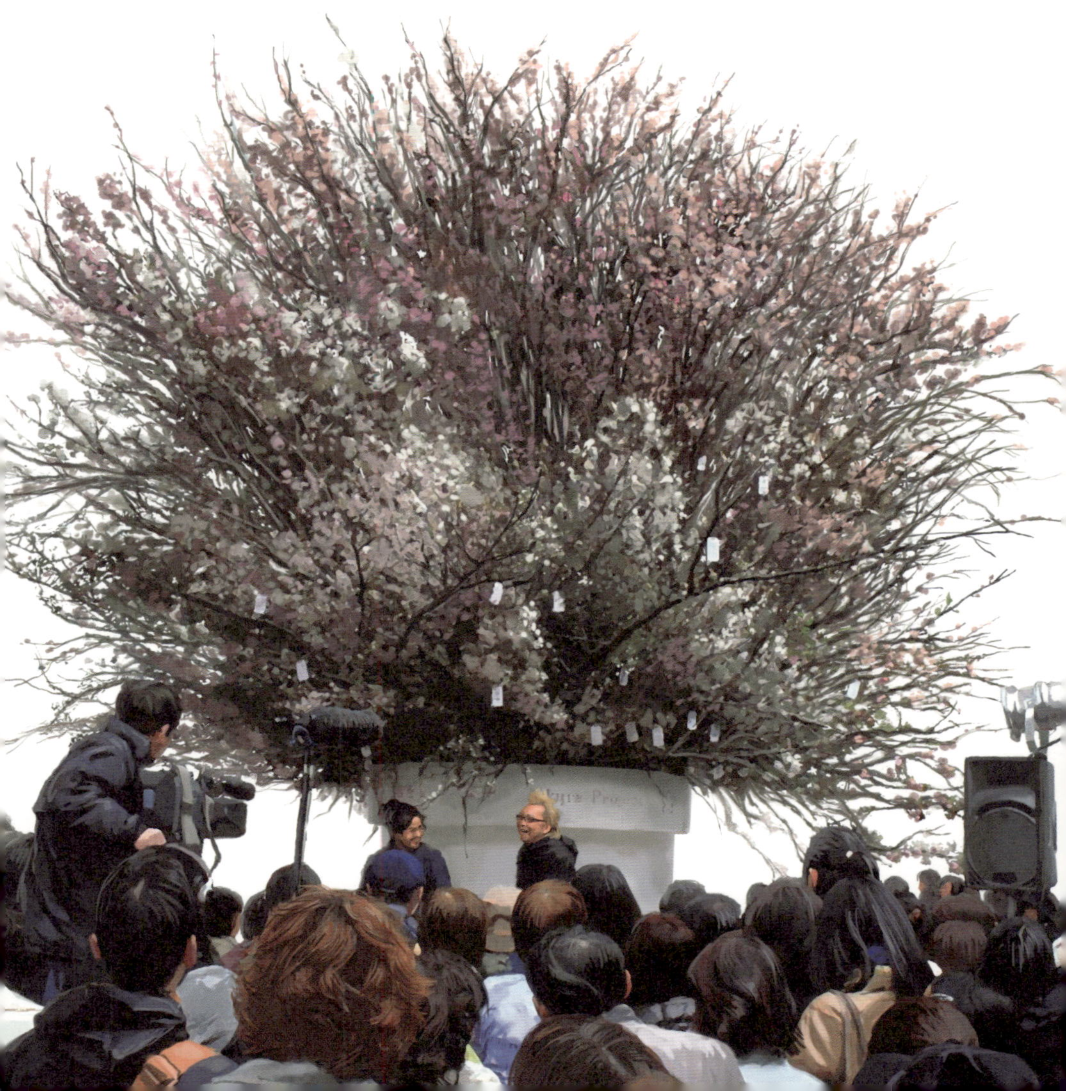

植物そして、旅

　たとえばずっと片想いだったからなのか、遠い異国の地で見たからなのか、出会うまでの道のりが険しかったからなのか、それとも孤独だったからなのか。
　たしかにそういう感情が手伝って、旅の果てに出会う植物が必要以上に魅力的に感じてしまうことがある。

ジミ・ヘンドリックスが、初めてクラプトンを聞いたときは"いいね"って言ったくせに、次に聞いたときは、"クラプトンの演奏でいいと思ったことはない。音楽ってのは、聞いたときの気分の問題だ"と言った。音楽でも植物でもそうだけど、それと出会ったときにどう感じるかって、たしかにそのときの状況や情景の影響は大きいと思う。

　けど、一目見ただけで「ああ、会えてよかった」と、一瞬で思える植物って、やっぱり特別な力をもっているのではないか。神が創った彫刻のような植物。命を懸けても近づきたいと思わせてくれる植物。そんな、シチュエーションをぶっ飛ばす、植物との出会い。いや、結局シチュエーションはそこにある植生が作り上げていたりするのかもしれない。

　おれが旅する理由は、植物である。植物に用があるから、たまたま遠い国へ出かけるのだ。別に旅そのものに興味があるわけではない。とにかく自分の一生を想ったとき、そういう植物に出会えることこそが、おれの人生のハイライトであり、この仕事が天職だったと思えるのです。

秘境・ソコトラ島の植物

砂漠のバラからのいざない

たしかに羊飼いの少年はこう言った。
もし君が砂漠で遭難したとして、絶望のなか何日間もさまよっているときに、この花を見たとしたら、それでも美しいと思える自信はあるかい？ 花を美しいと思えるかどうかは、おおよそ、自分の心次第なんだ。美しいものをちゃんと美しいと思えることは、自分の心が豊かで幸せな証拠だと思うと、そんな日々に感謝したくならないかい？

ソコトラ島で砂漠のバラを見ていたら、突然頭に浮かんできた物語だ。
そこはコンビニはもちろん、インターネットもなければ電話も通じない。電気はその日の運次第。でも、夜は限りなく星が見えて、波の音はいかにもピースフル。目の前に広がるこんなおだやかな海が、恐ろしい海賊で国際問題になっているなんて信じられない。
日本での生活は恵まれ過ぎていて、花を美しいと思えるような豊かな日々に、感謝することを忘れてしまいそうになる。島のひとやヤギは、自分の生活に役立たない砂漠のバラを気に留めることはない。しかし、砂漠のバラは、遠い国から会いにやってきたおれに、もの言わずともいろいろなことを教えてくれたような気がした。もちろん、彼らにはそんなつもりはなく、たんぽぽと同じやり方で種を飛ばして繁殖し、今日もひょうひょうとソコトラ島で栄えている。

学名　*Adenium socotranum*
英名　*desert rose*
流通名・通称　**アデニウム、砂漠のバラ**
主な原産・分布国　**イエメン**

秘境・ソコトラ島の植物

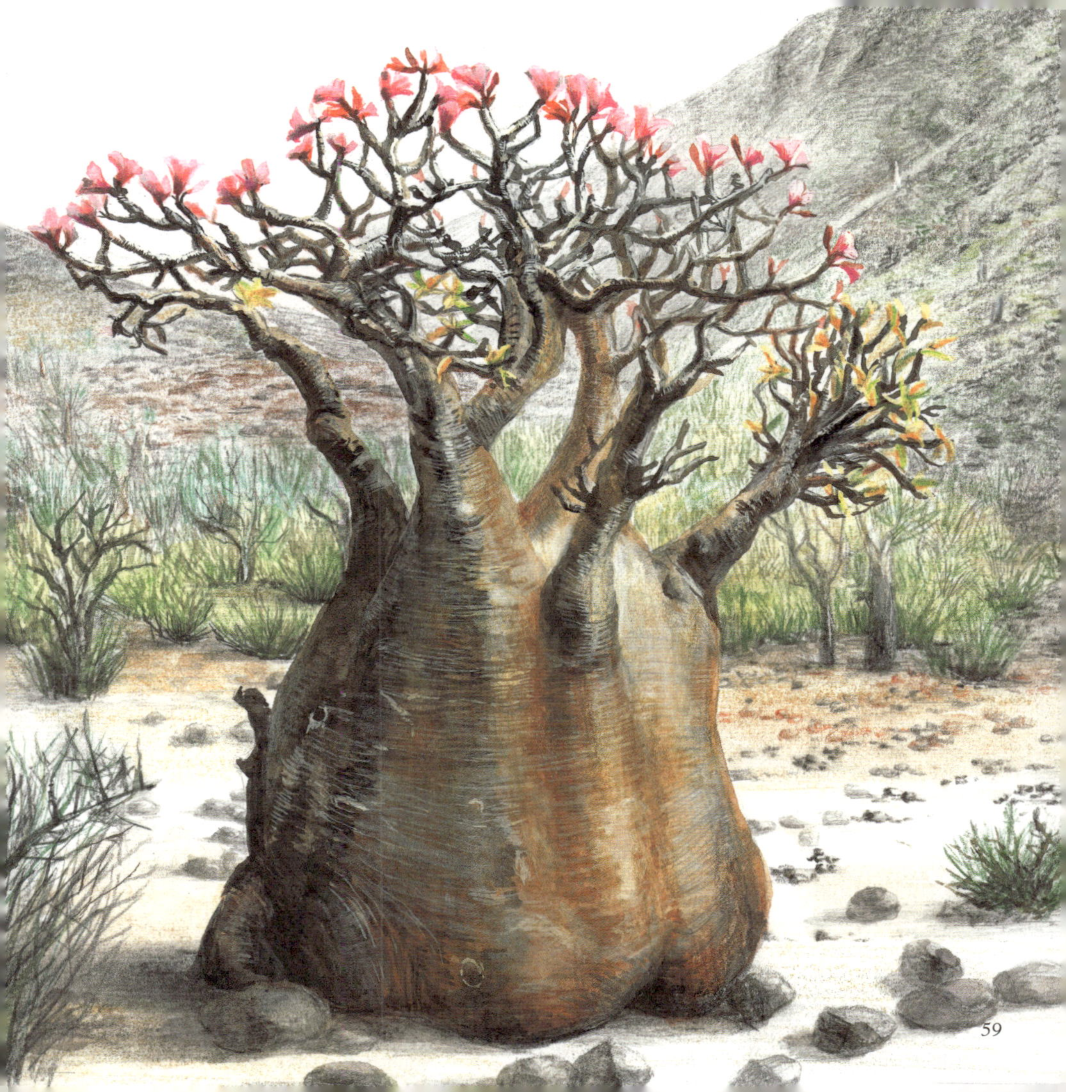

"医者いらず"に興奮

秘境・ソコトラ島の植物

　アレキサンドロス大王がソコトラ島を占領した目的は、アロエを手に入れるためだった。先住民を追いやり、代わりにギリシャ人を住まわしてアロエを栽培した。黒幕は、歴史上最大の哲学者のひとりといわれた天才・アリストテレス。アレキサンドロス大王の家庭教師でもあった彼は、アロエがいかに重要な植物かということを知っていて、富国強兵のためにそう進言したのだ。実際、大王が遠征に出かけるときは自軍の兵士のために常に大量のアロエを持参していたという。また、アレキサンドロス大王が占領した地域全てにアロエが伝わっているとさえいわれている。"医者いらず"と呼ばれるほど優れた万能薬だったのだ。

　いまは火傷をしたからといってアロエをぬるような時代ではない。しかし有用植物うんぬんではなく、そんな2000年以上も前の歴史の出来事に想いふけながら、遠く離れた孤島・ソコトラ島の大地でソコトラアロエに出会ったとき、どうやって興奮を抑えることができようか。

学名　*Aloe perryi*
英名　*Socotorine aloe*
流通名・通称　ソコトラアロエ
主な原産・分布国　イエメン

61

おれにはクレオパトラの気持ちが痛いほどよくわかる。

秘境・ソコトラ島の植物

　一度でもその匂いを嗅ぐと、どうしてもまたそれを味わいたいと夢中にさせてくれる魔法のような香りだからだ。
　島に滞在中、何度も何度も乳香の木と触れ合った。
　毎回乳香の木に登るときの、あの、他の樹木とはまったく違う感触……固くてブヨブヨした、生きた蠟燭に登っているような。手についた松やにのような樹液が、自然と魔法のように香ってくる。樹液をそっと舐めると口のなかで小さく固まり、今度は口のなかが一気に深みあるさわやかさに満ちて、なんともいえない気分になった。天然の魔法のガムだ。
　古代からお香として焚かれ、遠い昔、シバ国王はこの乳香の木で莫大な資産を築いたという。ソコトラ島では8種確認されているが、いずれも絶滅が危惧されている。
　"特に絶滅しそうな種類に限って、危なくて採れないような場所にあるんだ"
　現在、ソコトラ島の貴重な植物を守るために挿し木などで絶滅危惧種を増殖しているアディブとアハマド親子が、崖を眺めながら言った。
　気がつけば頭よりも体が反応して、その穂木を狙いにいく。5分とたたないうちに穂木は親子に渡り、その貴重な木は地元の人の手によって挿し木され次の世代へつないでいく。とてもじゃないけど、乳香に狂わされるのはクレオパトラやシバ国王だけではない。

学名　*Boswellia* spp.
英名　*bible frankincense*
流通名・通称　ニュウコウジュ
主な原産・分布国　イエメン、オマーン、トルコ

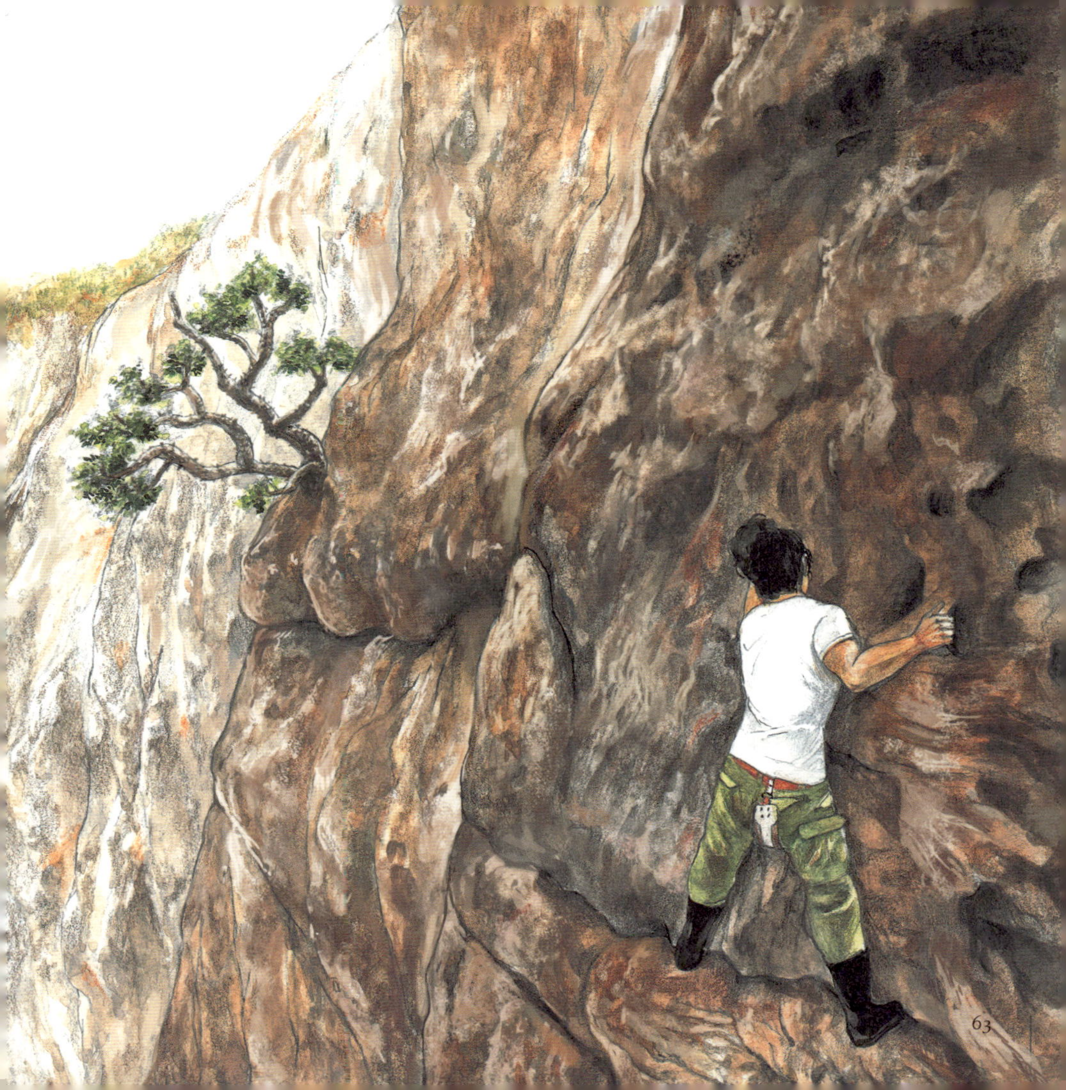

麻薬とコーヒーの中間

夕陽の時刻になると、決まってイスラムの男たちの頬は、異常なほど膨らんでいる。イスラム圏では飲酒が禁止されているので、みな、もっぱらカートに浸るのだ。

カートの若芽をもしゃもしゃ噛んでは食べカスを片方の頬にためていく。そうすると苦いエキスと唾液が混ざり、1時間くらい噛み続けるとそれが口のなかから消化器官に伝わり、気がつくと不思議な気分というか、ある種の陶酔状態を作ってくれる。はずだった。食べ慣れていないおれは、まずその苦いだけの葉っぱを頬に1時間もためて噛み続けることができなかった。そのあともう一度だけ挑戦して、なんとなく階段を上りかけたような気分にまではなったが、ラリパッパ状態になることができなかった。個人的にはカートとは、一種の麻薬とコーヒーの中間みたいなものだと思う。『地球の歩き方』でも書かれているように、中東を旅したらぜひ試してみてもらいたいものである。

ちなみに、イエメン政府はいままでに3度ほどカート禁止令を出したことがある。午後になるとカートばかりをやって国民が働かないのは生産的でないと思ったからだ。しかしいずれもその政策は長くは続かなかった。

イエメンでは、国の要人が集まる重要な会議では、みなカートをやりながら政策を決めるからである。

秘境・ソコトラ島の植物

学名 *Catha edulis*
英名 *khat, Arabian tea*
流通名・通称 カート、アラビアチャノキ
主な原産・分布国 イエメン、エチオピア、南アフリカ

65

ドラゴンブラッドツリーの性質

秘境・ソコトラ島の植物

　ドラゴンブラッドツリーの性質として最も有名なのは、傷つくと血を流すことだ。その紅い血は、竜の血・シナバルといわれ、昔から万能薬や染料として使われてきた。
　また、条件が整うと8000年生きるともいわれ、一説には世界最長寿になりうる生物といわれている。

　30歳の日本人植物収集家に、
　"おれが大きくなったら、この巨樹を手に入れられるような、権力とロマンをもった男になりたい"
　そう思わせるような性質ももっている。

学名　*Dracaena cinnabari*
英名　*dragon's blood tree*
流通名・通称　リュウケツジュ
主な原産・分布国　イエメン

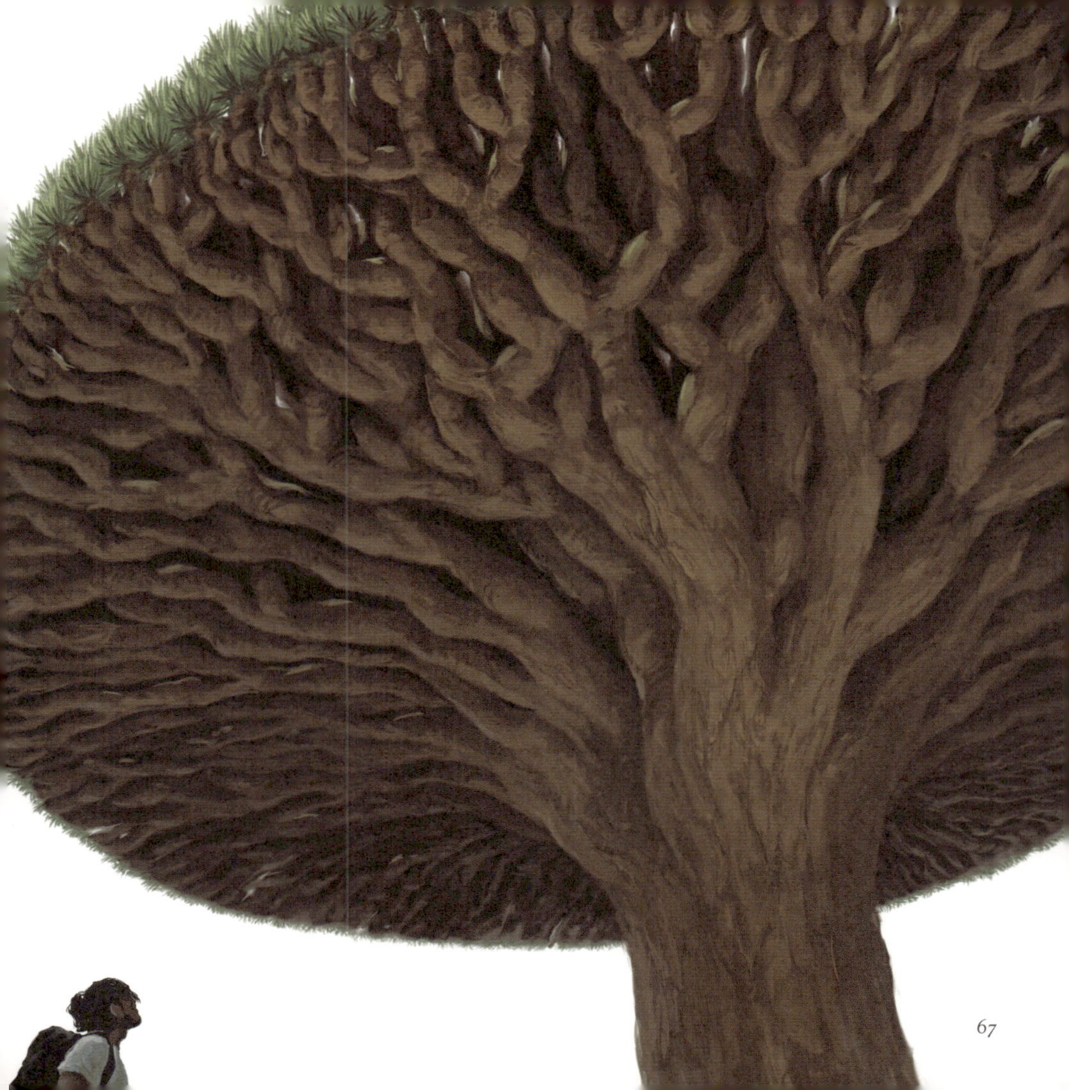

マジで!?な植物

ヤギと衝動に駆られる木

　その木に実った黄金の果実を食べたくて食べたくて仕方なかったから、とうとうヤギたちは木に登ることを覚えてしまった。そんな疑わしいことが毎年5月にモロッコ南西部で起きていると聞き、ヨーロッパからジブラルタル海峡を渡った。

　絶滅危惧種に指定され、モロッコの限られた地域以外では決して育たないといわれるその木こそ、ヤギが木登りするというアルガンツリーである。カサブランカからアトラス山脈を越え、目的地を目指す。気になるのはとにかく、"本当にヤギは木に登っているんやろか？"。

　しかしアルガンの森につくと、そんなおれの心配をよそにヤギたちは涼しい顔をして木に登り、よろしくやっていた。黄金の果実を食べ、行儀悪く"ペッ"と種を吐き出し、ヤギ使いはそれをひたすら見守る。そんな情景が広がっていたのだ。

　ちなみに、地元のベルベル人の女性がその種を拾い、手で搾るオイルこそ、ヨーロッパでスローフード大賞を受賞し、健康食品や化粧品として近年世界的に注目を浴びている最高級オイル、アルガンオイルだ。

　ちなみにもうひとつ。その地域のヤギの真似をしたくてしたくて仕方なかったから、とうとうおれはアルガンツリーに登り、その実を食べてしまった。そして、枝のトゲは痛く、黄金の実はまずいことを知る。

学名　*Argania spinosa*
英名　*argan tree*
流通名・通称　アルガンツリー
主な原産・分布国　モロッコ

71

ハワイの王様だけが食べることを許された野菜・アエアエ

　アエアエという野菜は、かつてハワイの王様だけが食べることを許されたという、貴重な野菜だった。

　3mは超えるような大きな草。一本立った茎の上のほうから大きな細長いウチワのような葉っぱがたくさん放射状に出ている。その中心からたくさんの実が鈴なりにぶら下がっていて先端に大きくてエキゾチックな花が咲いている。いわゆるバナナである。実はバナナは植物学上、果物ではなく野菜に分類されている。

　では、常夏の国ではどこでも見かけるバナナの、王様だけしか食べることを許されなかったアエアエという種はなにがスペシャルだったのか。通常バナナの幹や葉は緑一色なのだが、アエアエは、全体の色が見事なまでに緑、黄緑、白などのグラデーションで縞々になっているのだ。幹や葉だけでなく、実も緑と白の縞々模様である。

　遠い昔に、海外で"珍しいバナナが見つかった"と、王様だけに特別に献上されていただろうということは、想像に難くない。海の向こうでまだ見ぬ美しい植物を見つけ、王様のためにスペシャルな植物をもってきたという、典型的なプラントハンターの仕事の一例を垣間見ることができる植物である。

マジで⁉な植物

学名　*Musa 'AeAe'*
英名　*AeAe banana*
流通名・通称　アエアエ
主な原産・分布国　アメリカ

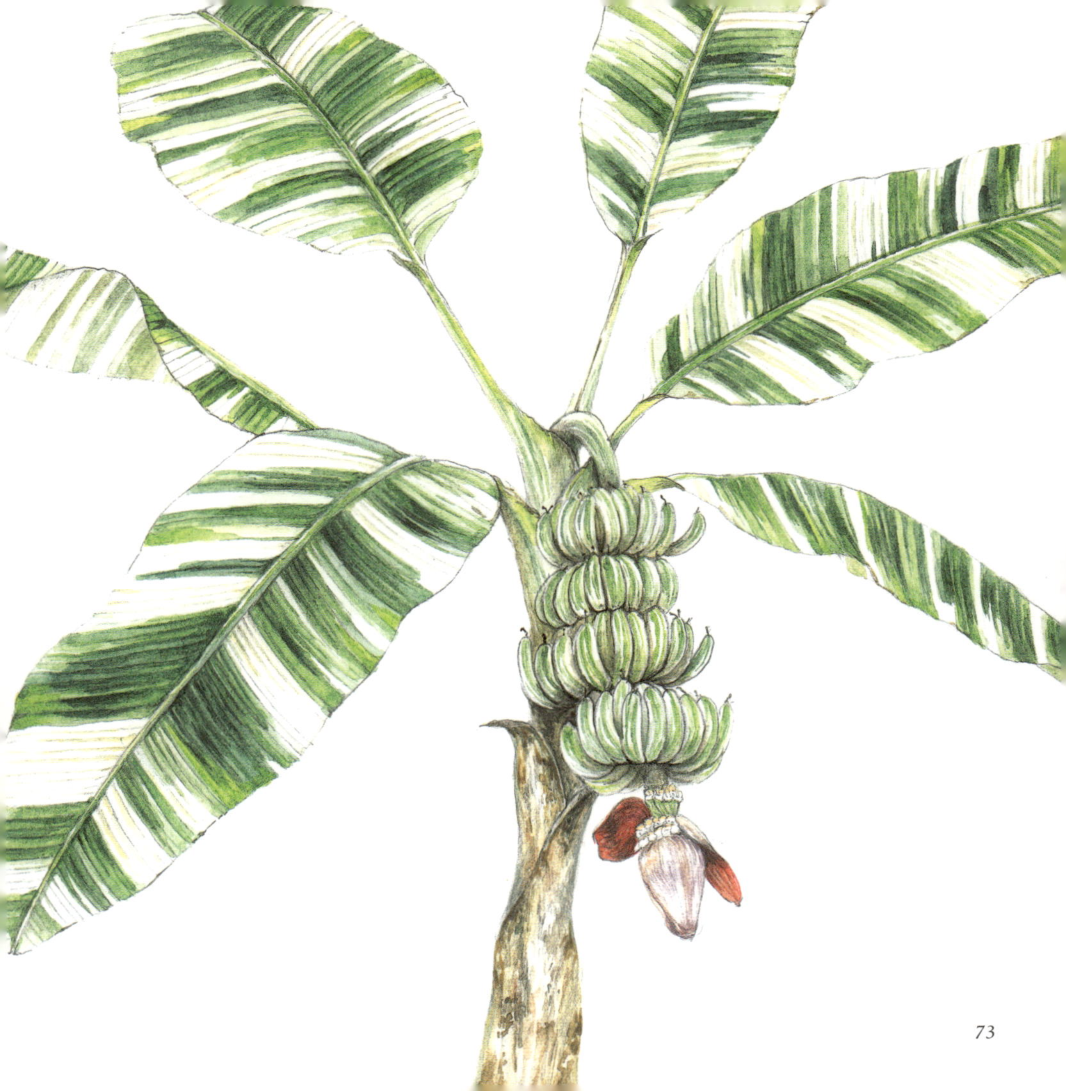

人間界と魔法界に君臨する魔草

死海のあたりに夜には赤く光るような植物が生えていたが、人がその植物に近寄ろうとすると隠れてしまい 近づくことは難しかった。その植物に尿や月経血をまき散らすとおとなしくなったが、地面から引き抜くことは危険であった。

　西暦1世紀にフラウィウス・ヨセフスが大真面目に記した言葉である。
　人間界と魔法界、どちらにおいてもマンドレイクほどの神秘性と、幻覚剤としての圧倒的な地位を築いている植物はあまりないだろう。
　根っこは人間の形をしていて、優れた薬草になるが、収穫しようと地面から引き抜くとこの世のものとは思えない大きな悲鳴をあげ、それを聞いたものは死ぬといわれている。だからこれを引き抜くときはその根っこに縄を縛り、犬に引き抜かせたという。
　少なくとも中世の時代からヨーロッパ中の人々から恐怖と尊敬の念を抱かれ、魔女はマンドレイクを使っているということから魔女狩りが行われ、たくさんの女が焼かれた。
　そんなマンドレイクは、なんといまでも実際に存在するナス科の植物なのである。

マジで!?な植物

学名　*Mandragora officinarum*
英名　*mandrake*
流通名・通称　マンドレイク、マンドラゴラ
主な原産・分布国　イタリア、ギリシャなど

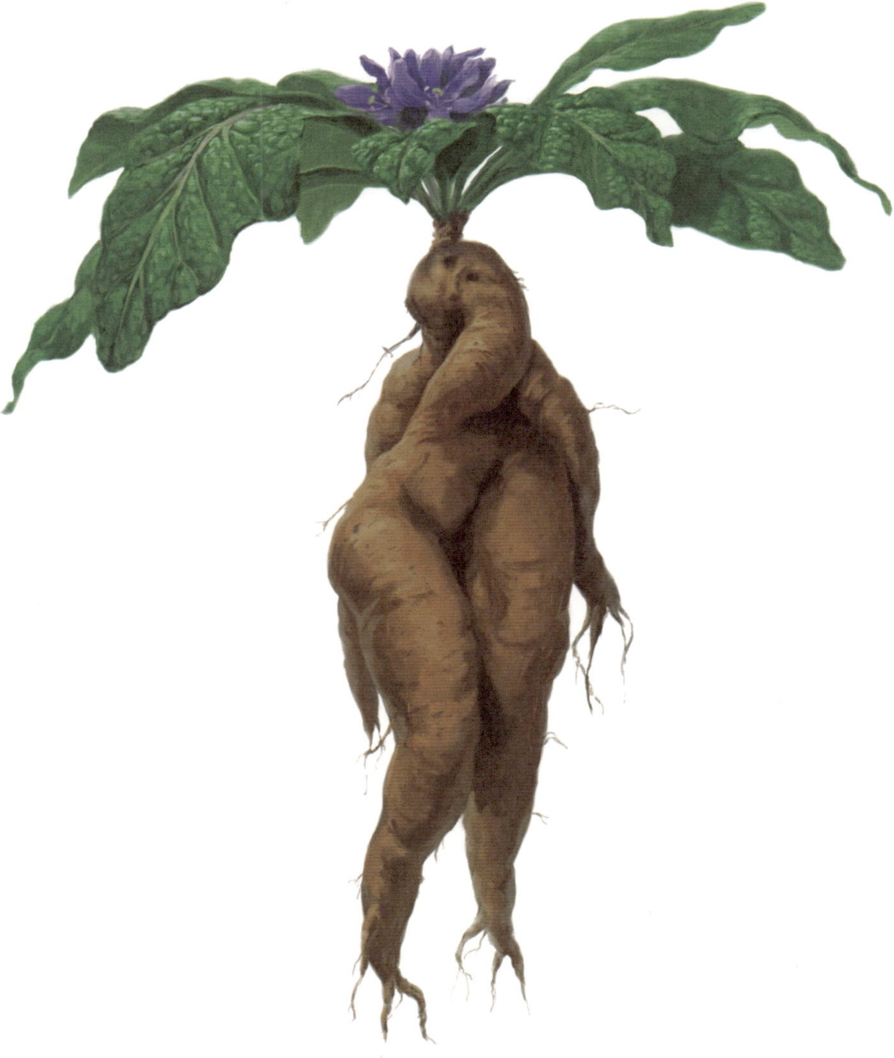

1000年以上の時を経て、語り継がれる天下一の桜と それに気づかせてくれる心の豊かさ

舞台は平安遷都後の京の都、縁むすびの神様で知られる地主(じしゅ)神社を嵯峨天皇が訪れたときのこと。ご祈願を終えた天皇は、帰路に向かおうとする御車に乗ったが、とある桜が目に留まり、引き返すことを命じる。なんとひとつの木から一重の花と八重の花が交じって咲く、なんともおもしろくて美しい桜が咲いていたのだ。その桜こそ地主神社に伝わるジシュザクラ(地主桜)であった。天皇はその美しさに何度も御車を引き返したという。そんな逸話から、その桜はミクルマガエシ(御車返し)の桜とも呼ばれるようになった。

現在、全国で一番見かけるソメイヨシノは、江戸時代にハイブリッドされ、戦後に普及した新しい品種の桜である。当時は、野生の素朴な桜を見る習慣はあったが、どちらかというと梅を愛でる習慣のほうが圧倒的にメジャーであった。そんななかで嵯峨天皇が八重と一重が交じるその"美しさ"と"おもしろさ"に気づき、心を奪われたのも、それこそが心の豊かさの表れのような気がしてならない。

ちなみに、ミクルマガエシの名前の由来は、その桜の下でとある二人の御仁が"あれは八重だ、いや、一重だ"と言い争い、けんかになって車をひっくり返したからその名が付いたという説もある。この説に関しても、やはり心の豊かさゆえの……と言いたいところである。

マジで⁉な植物

学名　*Prunus lannesiana* 'Mikurumakaisi'
英名　—
流通名・通称　ミクルマガエシ
主な原産・分布国　日本

77

"常識に尻を向けろ。"の木

近年、プリウスなどに代表されるように、エコカー路線を歩んできたTOYOTA。あえてこの時代にもう一度原点に戻り、車に乗ることそのもののたのしみを追求するという、時代の潮流に背を向けた車・オーリスを発表すると聞いたのは、アート関係の友人からだった。

オーリスのコンセプトは"NOT AUTHORITY, BUT AURIS."（常識に尻を向けろ。）。その新型車発表の除幕式に、コンセプトに見合うような植物と一緒にお披露目したい、そんな相談を受けたのだ。

その数カ月後、除幕式の会場だった東京・代官山を歩くひとが、次々と足を止め、目を疑うような植物がオーリスを囲んでいる異様な景色を写真に撮っていた。下半身が極端に膨らんだその姿は人々が知っている樹木とは確実に一線を隔てている。しかし最も常識外れだったのは、その植木に根も土もなかったことだろう。"この植物は、このとおり根も土も水もなく、このまま数カ月放っておいても平気で生きていけるんですよ"。そう説明すると、見た目以上にますますその植物が常識に尻を向けた存在だと理解してもらえるのである。

マジで⁉な植物

学名　*Beaucarnea recurvata*
英名　*elephant's foot, ponytail palm*
流通名・通称　トックリラン、ポニーテール
主な原産・分布国　メキシコ

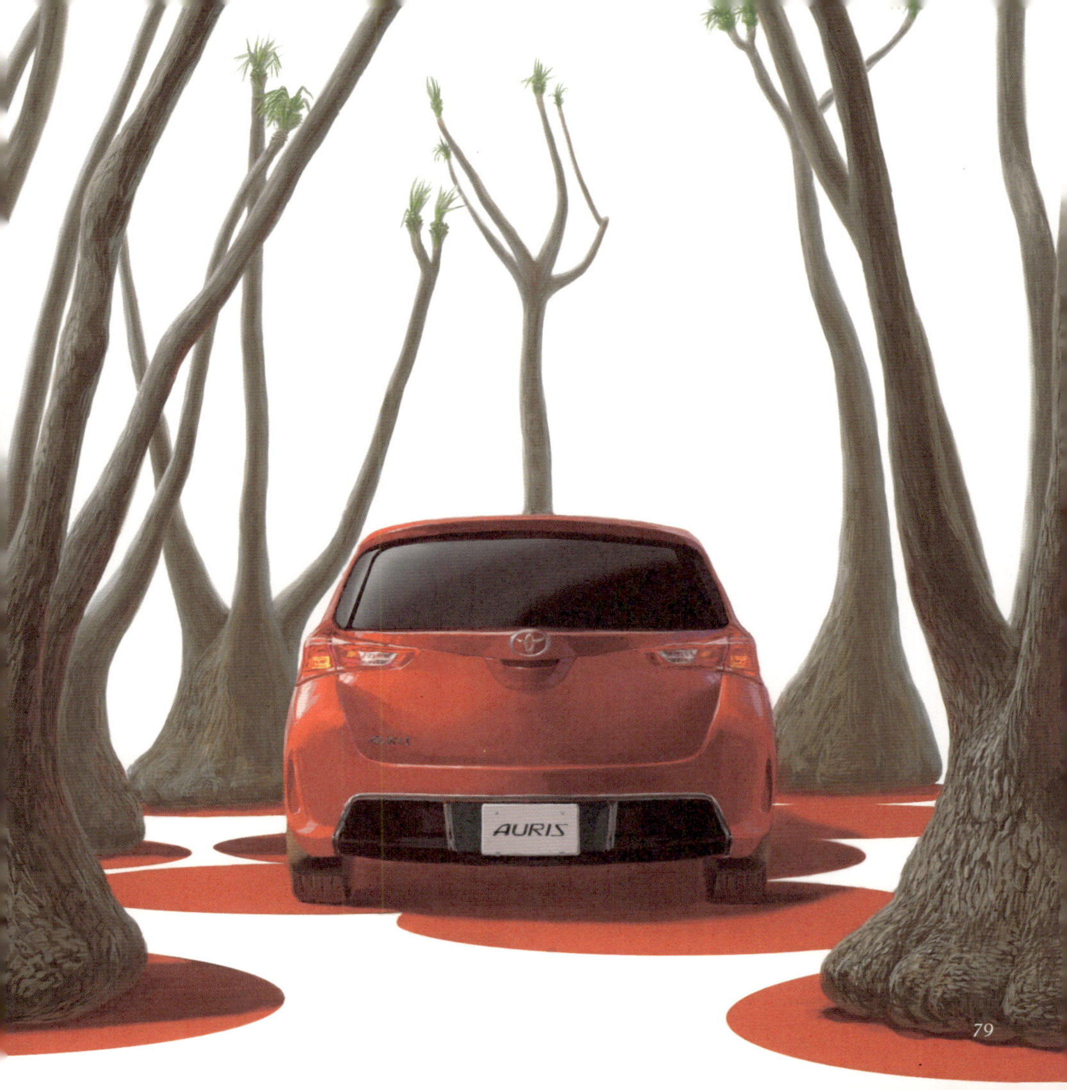
AURIS

ハゲと意識改革と植林活動、そしてノコギリヤシ

　近年取り沙汰される地球温暖化や砂漠化現象などの問題に対して、世界各地でさまざまな植林活動が行われるようになった。ひとが行う植林活動というのは、それがすぐに地球全体の二酸化炭素の濃度を下げたり、環境に影響を与えるような即効性のあるものではない。大切なのは実際にひとの手で植物を植え、その体験を通じて、まずは人々に環境に対する意識が芽生えるよう促すことが重要な部分なのだ。えらいひとたちは、結果が出るまでを長い道のりとわかった上でやっているものなのである。

　それに見習って、おれなんかは、たとえばノコギリヤシの植林活動を通して、若いうちから育毛活動に意識を芽生えさせるようなフザけた活動があったら、と妄想してしまう。深夜のテレビショッピングなどで紹介される育毛剤に含まれているエキスこそ、ノコギリヤシの種から採れるものである。そう、ノコギリヤシはハゲから人類を救うヤシなのだ（？）。

　ノコギリヤシを植える体験を通じて、植毛という意識を芽生えさせる。

　世界にノコギリヤシが増えれば増えるほど、世界中の髪の毛も増えていく。すばらしき活動である。

　ちなみにノコギリヤシは、2008年に日本の園芸史上初めて大きな株の輸入に成功し、代々木ヴィレッジの2階で見ることができる。

学名　*Serenoa repens*
英名　*saw palmetto, scrub palmetto*
流通名・通称　ノコギリパルメット
主な原産・分布国　アメリカ

髪でお悩みのあなたに!
今注目の
ノコギリヤシ
効果はこの
ノコギリヤ かみハエ
1瓶30日分
1回2錠
天然由来成分だから安心!!

管下酒田営林署管内山形県飽海郡遊佐村字蠶桑佐々木鐵三郎氏所有林で発見された、不思議な栗の木の話

　管下酒田営林署管内山形県飽海郡遊佐村字蠶桑佐々木鐵三郎氏所有林で発見された栗の木は、不思議な栗の木だった。
　都会に住む人は、栗の"イガ"がどれだけ痛いか知らないかもしれないが、そもそも栗は、外敵から実を食べられないように守るため、実が熟すまでは強固で本当に鋭い"イガ"に覆われている。しかし管下酒田営林署管内山形県飽海郡遊佐村字蠶桑佐々木鐵三郎氏所有林で発見されたその栗の木の実にはなんと"イガ"がない。それゆえにトゲなし栗と呼ばれている。だから、その管下酒田営林署管内山形県飽海郡遊佐村字蠶桑佐々木鐵三郎氏所有林で発見されたトゲなし栗は突然変異で"先祖返り"したものではないか、と考えられている。たとえば、1万年前には栗に天敵がいなかったから、"イガ"をもって実を守る必要がなかったからだとか。いずれにせよ管下酒田営林署管内山形県飽海郡遊佐村字蠶桑佐々木鐵三郎氏所有林で発見されたそのトゲなし栗は、見た目がおもしろくて興味深いということには変わりがない。
　ちなみにこの管下酒田営林署管内山形県飽海郡遊佐村字蠶桑佐々木鐵三郎氏所有林で発見されたトゲなし栗の花は、通常の栗の木の花と同様、あの独身男性の部屋みたいな匂いをもっている。

マジで!?な植物

学名　*Castanea crenata* var. *sakyacephala*
英名　-
流通名・通称　トゲナシグリ
主な原産・分布国　日本

83

ウスネオイデスの正体

　縁日に行ったらテキ屋さんが並んでいて、綿菓子を袋詰めにして売っているようなイメージ。メキシコの片田舎に行くと袋詰めしたウスネオイデスを、移動日用品屋さんが道端で売っている。

　ウスネオイデスは、見た目で想像できうる限りのいろいろな使い方ができる優れた有用植物である。古くは左官や陶芸の材料として使われたり、戦のときは矢の先端に巻いて火を付けて武器として使われた。また、煎じて飲むと頭痛に効くことから薬としても使われた。現代でもクッション材として家具やフォード車のシートに使われたり、日本では、フラワーデザイナーさんに"あの髪の毛みたいなやつ"とか、"あのソバみたいなやつ"と呼ばれ、アレンジの素材として親しまれている。

　では、メキシコの街角のテキ屋さんでは何のために売っているのか、と地元のひとに聞いてみたら、おもしろい答えが返ってきた。クリスマス前の時期になると熱心に売り出すのだという。みんな、自分の家のなかのキリスト像の周りにウスネオイデスを敷いて聖域的な場所を作り、聖夜を迎えるからなのだ。

　さまざまなことに使われるウスネオイデスは、見かけによらずれっきとしたパイナップル科の植物である。

マジで!?な植物

学名　*Tillandsia usneoides*
英名　*Spanish moss, old man's beard*
流通名・通称　サルオガセモドキ
主な原産・分布国　メキシコ、エクアドル、アルゼンチンなど

85

虹色の木が教えてくれること

たとえば、お絵描きが大好きな子供が、
"今日はなにを描こうかなー"、なんて話している。
真っ白な画用紙を用意して、絵の具や色えんぴつ、それにクレパスも。
"じゃあ、今日は大きな木を描いてみよっかな"
そう言って描き始めたら、できあがった木はオレンジ、黄色、緑、紫……いろいろな色が虹のように交じっているなんともカラフルな木だった。
"子供の想像力は豊かなものだなぁ"と感心するのが大人なのかもしれない。大人は、いままで自分が見てきたものを"常識"として勝手に解釈し、ついついそこから全てのことを予測し判断してしまうのだ。だからおとぎ話でもないかぎり、木の幹は茶色、葉っぱは緑に描いてしまうことだろう。もっとも、パプアニューギニアなどに行って、レインボーユーカリを目の当たりにしたら、話は別かもしれないが。

マジで!?な植物

学名　*Eucalyptus deglupta*
英名　*rainbow eucalyptus, Mindanao gum*
流通名・通称　レインボーユーカリ
主な原産・分布国　パプアニューギニア、インドネシア

87

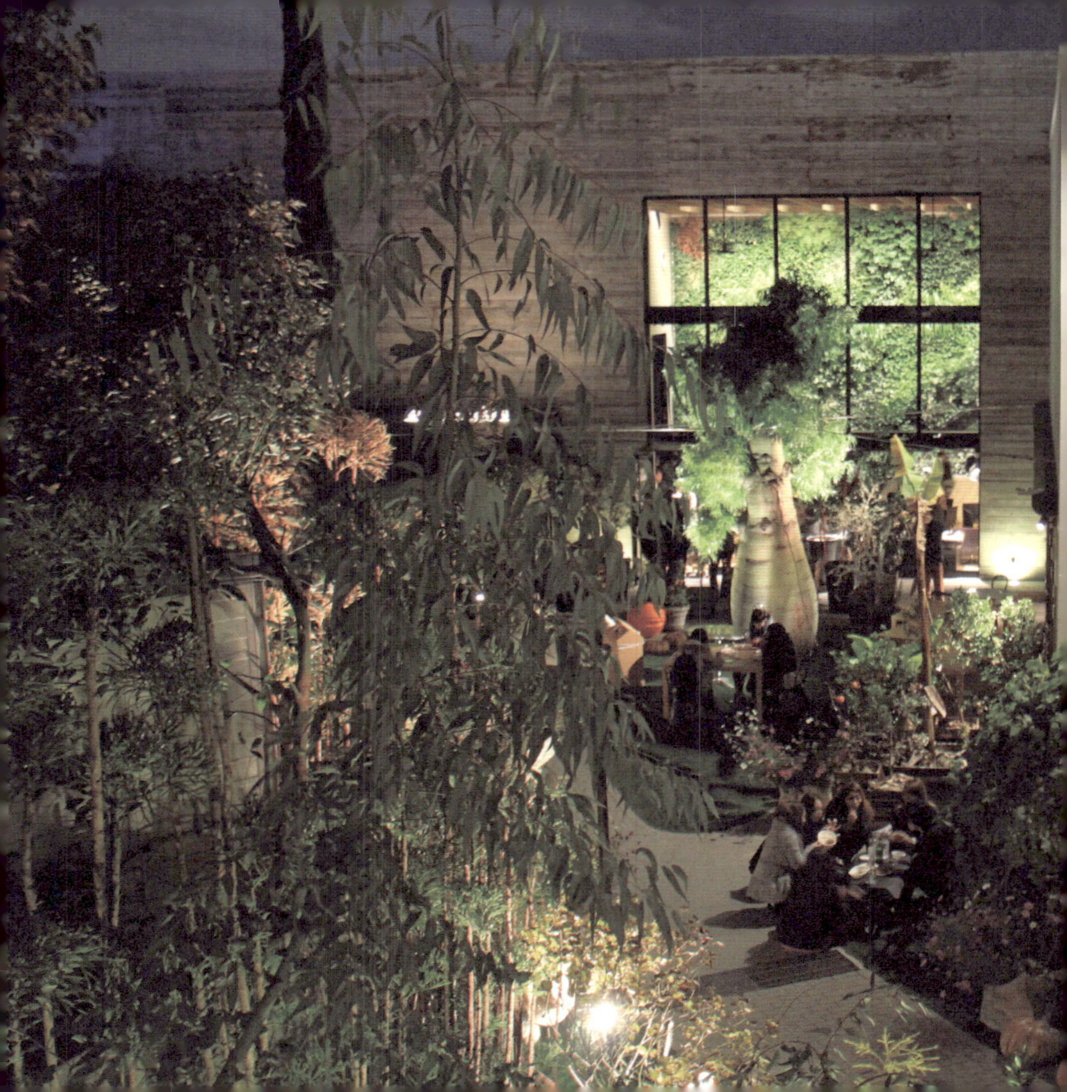

code
kurkku

代々木ヴィレッジの庭が、
なぜそんなに変わっているかというと。

　植物がうまくコーディネイトされ、よくデザインされた庭園ではなく、庭というよりは植物園、植物園というよりは動物園に近いからかもしれない。もしくは本物の植物図鑑のなかに入ったようなイメージだからか。たとえばアルゼンチンのモンキーパズルの横にインドの仏手柑があって、その横にペルーのコショウの木が、その横にブータンのミツマタが、その横にオーストラリアのユーカリが……。はたまた中国・雲南省のハンカチの木の根元に世界一でかくなるアメリカのサボテンが……。などなど、各国ならではの植物が世界中から集まり、その標本が適当に並べて植えてある、いわばこの本の実写版ともいうべきもの、それが代々木ヴィレッジの庭だ。

　来たひとが、"この植物とこの植物が隣どうしでちゃんと育つの?"と心配してもらえたらおれの思惑どおり。

　できるだけ、植物の自然に反する植え方をすることで、それによってひとが植物を気にするきっかけを作ることもこの庭のコンセプトのひとつだからだ。

　また、海外に出かけられなくなったお年寄りには、見られなかったはずの遠い国のステキな植物を見てもらいたい。

　まだ海外に行ったことのない学生には、世界は広いってことを知ってほしい。

　子供には、植物が気持ち悪かったり変だったり危なかったりすることを知ってほしい。

　植物関係のひとには、"日本中の植物園や業者が手を組んでもこの全ての植物を揃

えることはできない"と知ってほしい。

　世間様には、植物が話題を弾き、ひとを呼ぶことができるということを知ってほしい。

　そんな思いが込められ、都心にできたオンリーワンの庭です。植物好きが飛行機に乗ってまで訪ねてくれたり、近所のひとが犬の散歩に来たり、イケてるねえちゃんがオシャレして来たり、そこで働くひとが毎朝庭で花を摘んで店に飾ったり……代々木ヴィレッジは、今日も絶好調です。

南半球から巨大なシンボルツリーを代々木ヴィレッジに向けて船に載せ、搬送する様子。

残念な植物

植物界のパンダ

　中国を代表する珍木・ハンカチノキは、1869年、中国・四川省を動植物の調査で訪れていたフランス人宣教師、アルマン・ダヴィッド神父によって発見された。ダヴィッド神父といえば、イケメンプラントハンターとして有名である。ついでにヨーロッパ人として初めてジャイアントパンダを世界へ紹介した人物としてもかなり有名である。

　他の花木とはたしかに一線を隔てるハンカチノキの存在は、植物界のパンダとまでいわれ、80年代に日本の園芸業界でも鳴り物入りでデビューを果たす。しかしその割にはあまり話題にならず、こんにち、苗が大量に売れているわけでもない。これは植物愛好家としては非常に残念な話である。

　植物は時に名前がその普及具合を左右することがある。ハンカチノキというネーミングが、さらりとしすぎていたのが原因だろうか。白い鳩に似ているから鳩の木、幽霊に似ているから幽霊の木など別名もあるが、圧倒的に役に立っていない。個人的には一反木綿に似ているのだから鬼太郎にあやかってゲゲゲの木などにすればよいと思っている。いずれにせよ妖怪とか珍奇植物ということは、ジャンル的には荒俣宏氏の守備範囲である。氏の意見を聞いてみるのもいいのかもしれない。

学名　*Davidia involucrata*
英名　dove tree, handkerchief tree
流通名・通称　ハンカチノキ、ハトノキ
主な原産・分布国　中国

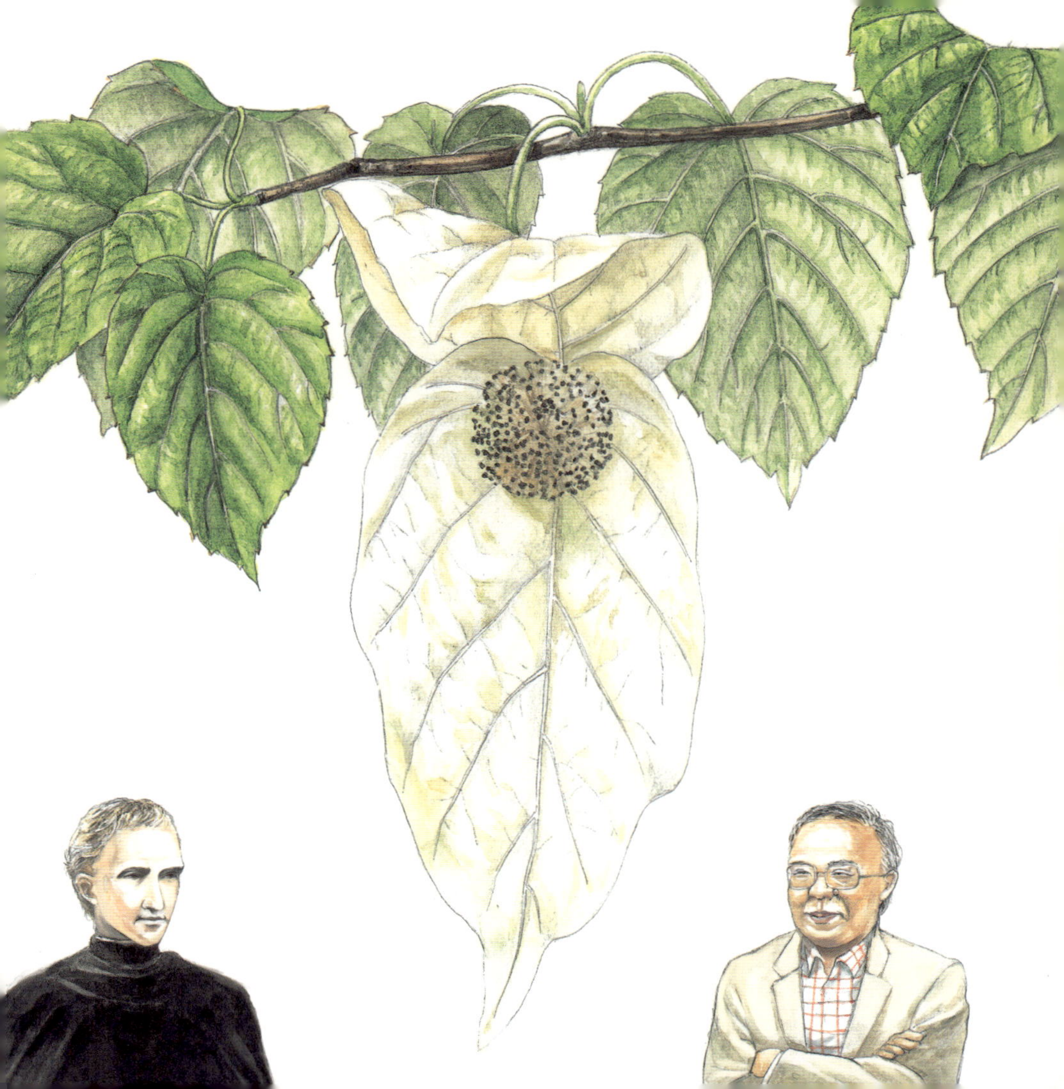

偽おっぱいプランツ

"ガオクルアを食べた女の人は、必ずみんなおっぱいが大きくなるのです"
たどたどしい英語でそのタイ人は教えてくれた。
　そのガオクルアという植物が自生しているタイの山岳地帯では、驚くべきことにその地域の女のひとがみんな巨乳ぞろいだそうだ。学名をプエラリア・ミリフィカという。
"そんなおもしろい植物があるならなんとしても日本に導入したい"
　そんな思いに駆られた。いちプラントハンターとして、ひとりの男として、絶対手に入れなければならない。おっぱいのために動かない男などいないのだ。
　しかしそんな想いも虚しく、タイ政府が貴重な植物資源であるプエラリアを国外へ持ち出すことを禁止していると知った。おっぱいにありつけず落ち込むおれに、そのタイ人はまた教えてくれた。"おっぱいが大きくなるガオクルアは輸出が禁止されているけど、おっぱいが大きくならないガオクルアは輸出可能らしいのです"。そうして紹介されたのが、ステファニア・エレクタという別の植物だった。実は現地ではガオクルアと呼ばれる植物は数種類あったのだ。おれは早速ステファニアを導入し、とりあえず"偽おっぱいプランツ"と冗談で呼んでみたら、おっぱい好きの花屋さんがこぞって仕入れにきてくれて、現在観葉植物として人気を博している。

残念な植物

学名　*Stephania erecta*
英名　*stephania*
流通名・通称　**おっぱいプランツ**
主な原産・分布国　**タイ**

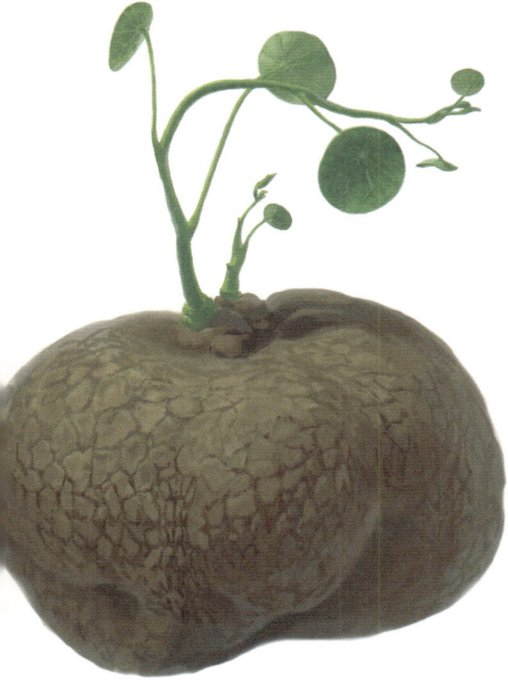

ああ、そうかい。

　植物収集家・愛好家にとって聖地ともいえる国、マダガスカル。首都アンタナナリボから小さな飛行機に乗る。辿り着いたフォールドーファンは、フランス人開拓者によって発展してきた小さな海辺の町だ。
　そこから4WDの車で内陸へ数時間、ひたすら西を目指す。
　そこに、世界でも類がない"トゲの森"があるからだ。大部分をトゲの植物だけで構成されているあまりにも特殊なその森は、アローディア、ディディエレアなどマダガスカル固有種が多く世界的に貴重な自然環境である。世界は広い、と改めて思える場所であった。
　そのなかでようやく出会うことができたのがアアソウカイである。
　アアソウカイはその全身を鋭くて長いトゲで覆っている。キョウチクトウ科の植物で、白くてかわいい花を咲かせる。
　ちなみに、なぜ、この植物がアアソウカイという名前を付けられたか知ってしまうと"ああ、そうかい。"と言いたくなるような、割と普通の、合理的な理由が出てくる。
　だから"ああ、そうかい。"とがっかりしたくないひとはインターネットで絶対に検索しないでほしい。

学名　*Pachypodium geayi*
英名　*Madagascar palm*
流通名・通称　アアソウカイ
主な原産・分布国　マダガスカル

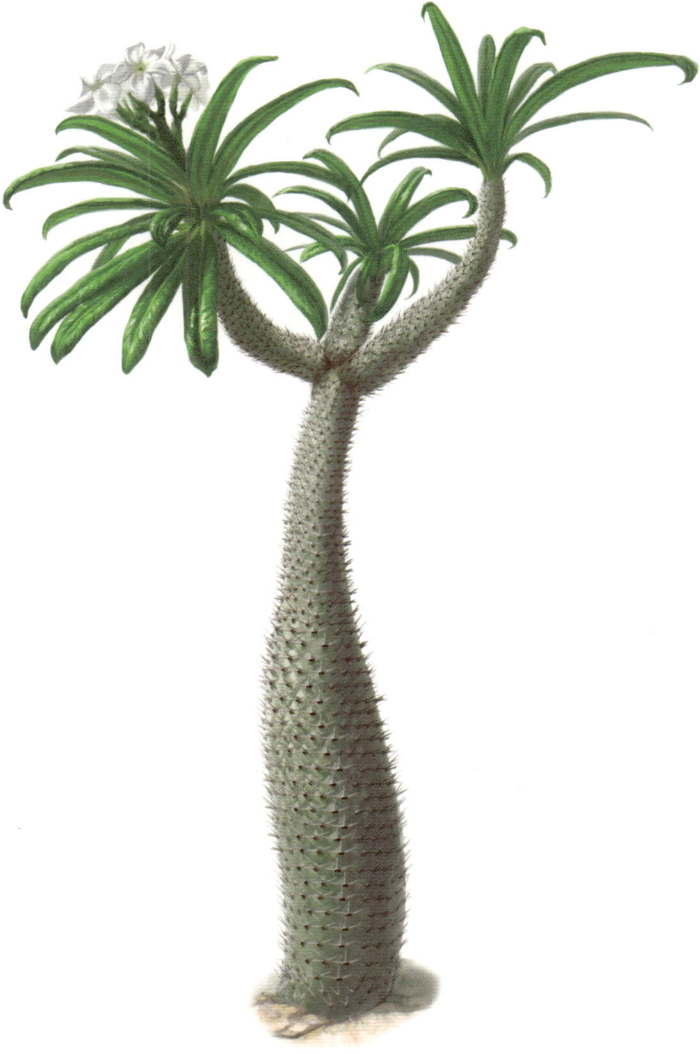

ミラクルフルーツの可能性

　ミラクルフルーツを食べてから、レモンや梅干しを口に入れてみると、なんと甘いこと。スッパムーチョですら、ただの甘いお菓子になる。ミラクルフルーツは、まさに口のなかでミラクルを起こしてくれる果実なのだ。

　一般的に果樹というのは、鳥や小動物などに果実を食べてもらい種を遠くへ運んでもらったほうが、自分が枝を広げた日当たりの悪い足元に種を落とすよりも縄張りを広げたりする意味でも得だと判断し、甘くておいしい果実を実らせるよう進化してきた。

　では、ミラクルフルーツ自体は甘くないのに、なぜわざわざ他の種類の果実を甘く感じさせる成分をもつ必要があったのだろうか。実は、"自分の実を食べたら、もれなく他の種類の実もよりおいしく食べられるよ！" って動物に知ってもらうことによって、より自分の実を食べてもらえるチャンスを増やしているのだ。もしくは、ミラクルフルーツは、他の植物に一歩先駆けてすでに人間様をターゲットにしている可能性もある。この意味がわかるだろうか？

　ところで先日、ミラクルフルーツの可能性についてもっと知りたくなり、大さじ一杯のわさびに挑んでみた。

　しかしその実験は、一瞬にして溢れ出る大量の涙とともに "まったくもって酸っぱいもの以外に効かない" という結論に至ることとなった。

残念な植物

学名　*Synsepalum dulcificum*
英名　*miracle fruit*
流通名・通称　ミラクルフルーツ
主な原産・分布国　ガーナ

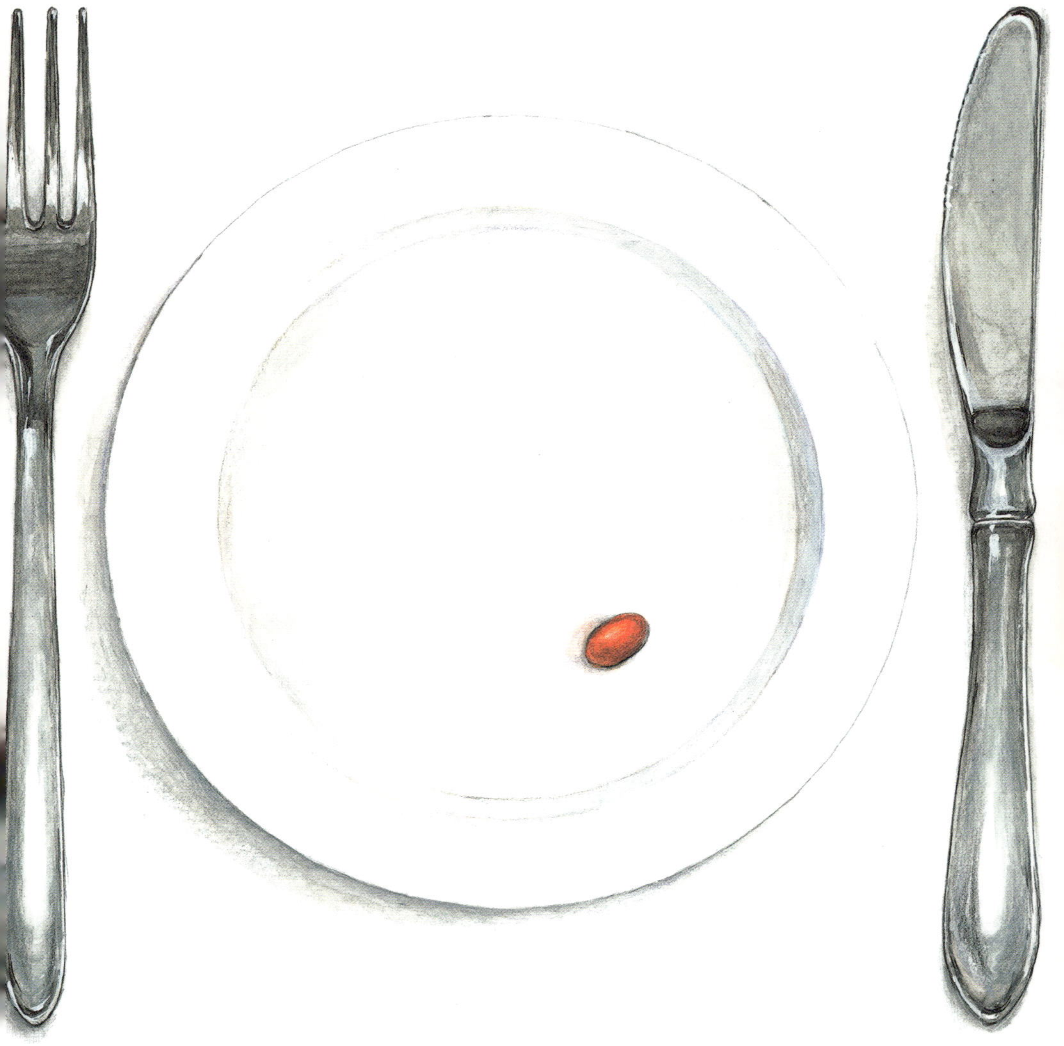

世界いち貴重な植物

世界いち貴重な植物とはなにか？

これにはいろいろな考え方があるかもしれないが、名だたる植物園や植物学者が挙げるとするならば、エンケファラルトス・ウッディが必ず候補に挙がるだろう。オフィシャル的にはキューガーデンとダーバン植物園に、それぞれ1本ずつの雄木しか残っていない貴重な木だ。また、ウッディという品種でないにせよ、エンケファラルトスの仲間は非常に貴重なアフリカなどに自生するソテツの仲間で、愛好家や植物園、業者などによって世界中で宝石のように高い値段で取引される。そのため、一時プラントハンターたちの標的になり乱獲されすぎた過去をもつ。だから現在はほとんどの品種がワシントン条約で保護されているのだが、それでも乱獲する者があとを絶たないという。

オーストラリア人プラントハンターP氏は、かつてエンケファラルトスが欲しすぎて何度もアフリカから無断で持ち出そうとし、二度もアフリカの刑務所に入っている。それでも収集がやめられず、ついには、エンケファラルトスのとある品種がたまたま敷地内に生えていた家を見つけ、植物が欲しいために、家と土地、不動産まるごと買ってまで、その植物を手に入れたという。ちなみにP氏の自宅の庭に、なぜかエンケファラルトス・ウッディがあったことを、おれはいつまで秘密にしなければならないだろうか。

学名　*Encephalartos woodii*
英名　*wood's cycad*
流通名・通称　エンケファラルトス・ウッディ
主な原産・分布国　南アフリカ

103

これほどまでに美しい姿をしているのに。

これほどまでに美しい姿をしているのに、みんなに

"気持ち悪い" と言われる、ヒドノラ。

残念な植物

でもおれは好き。

学名　*Hydnoraceae* spp.
英名　*hydnora*
流通名・通称　ヒドノラ
主な原産・分布国　**南アフリカ、マダガスカル**

105

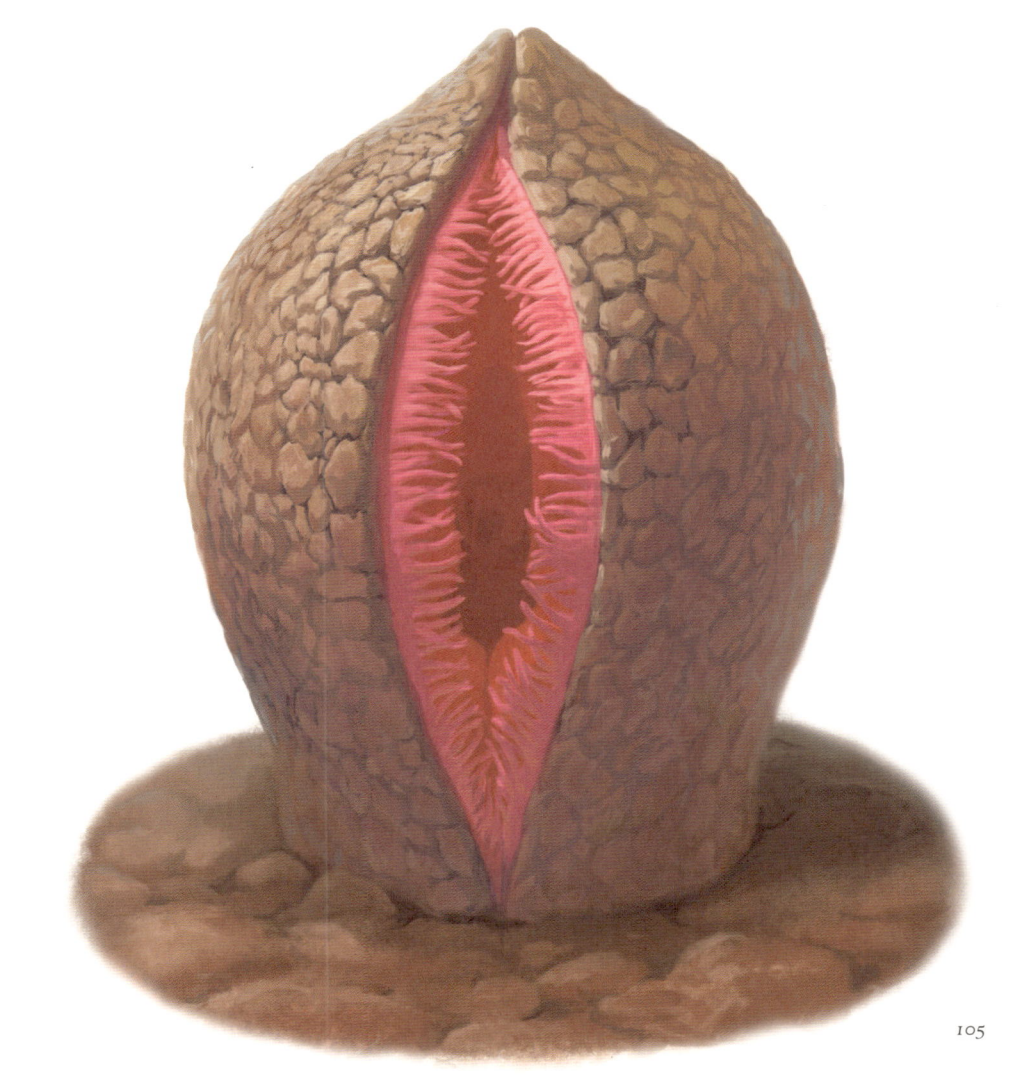

この植物を、あまり増やしてはならない。

　セイヨウニンジンボクは、素朴で繊細な紫の花を咲かせる、柔らかな印象が美しい木であり、古くからヨーロッパでハーブとして利用されてきた。

　特に女性特有のさまざまな症状に役立つことから、修道院には必ずといっていいほど植えられてきたという。月経前緊張症、黄体機能不全症、女性ホルモンの不調、頭痛、無月経、月経周期の乱れ、不妊症、生理痛、更年期障害……。男性にはなかなかピンとこない症状ではあるが、役に立つ植物だということだけはわかるだろう。

　さて。

　こういった有用植物特有のよくある説明はここまでにしておいて、修道院に植えられていた本当の理由を説明しよう。なんとセイヨウニンジンボクの実を食べると性欲が失われるのだ。平たくいうと、修道女がムラムラしたらその実をかじっていたのである。その事実を知ると男性諸君は、俄然この植物に興味が湧いてくるのではなかろうか。最近、西洋風のナチュラルガーデンが流行り、セイヨウニンジンボクも庭先に植えられることが増えてきたが、少子化に悩む我が国では、あまり普及しすぎるのは懸念したいところである。

残念な植物

学名　*Vitex agnus-castus*
英名　*chaste tree, monk's pepper tree*
流通名・通称　セイヨウニンジンボク
主な原産・分布国　イタリア、ギリシャ、イスラエル

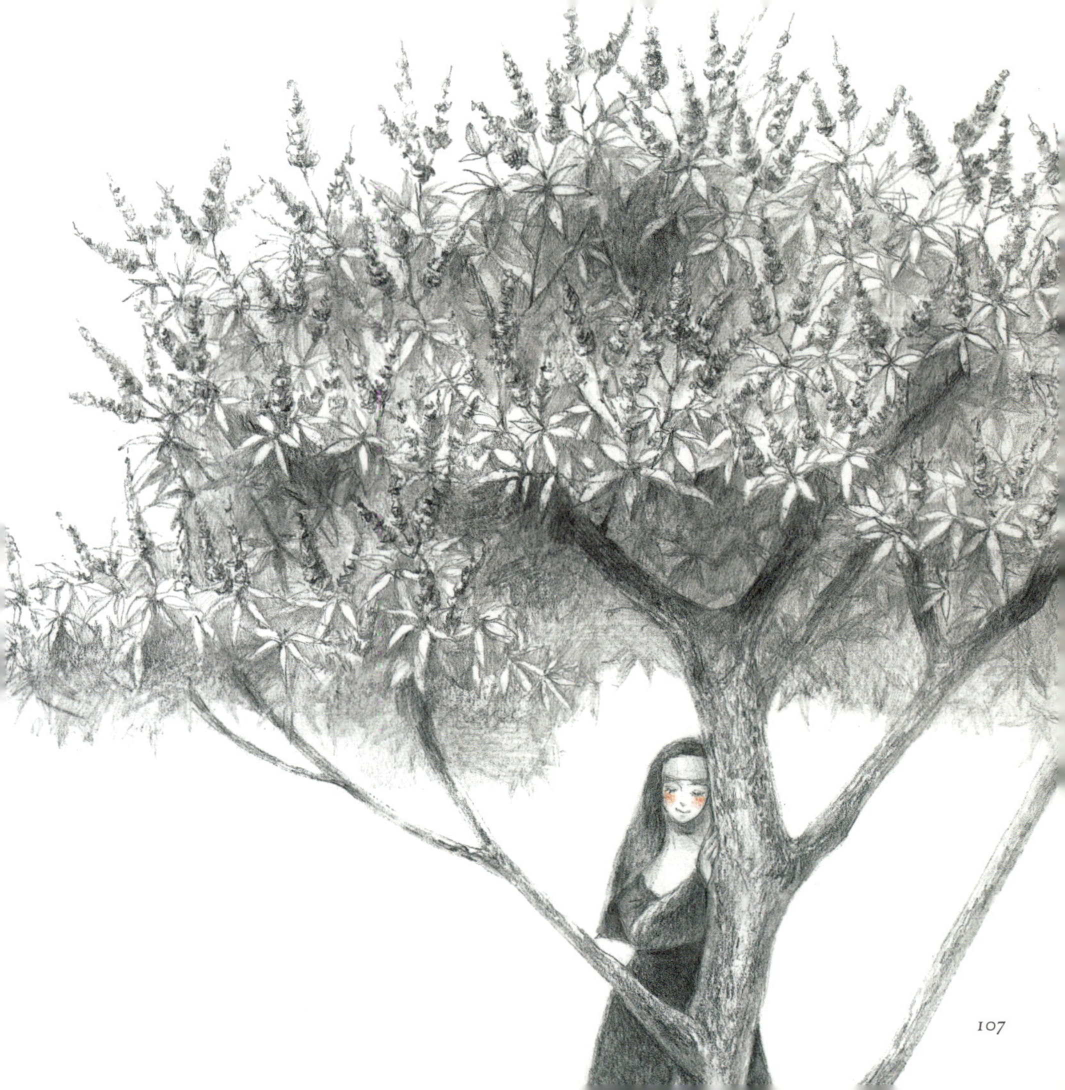

知るはたのしみなり。

　"清順さんは、こんなにいろんな国から植物を集めたりして、植物がかわいそうとか、それが生態系に影響を及ぼすとか、そんなことを思ったりしないのですか"
　こういう仕事をやっていると、何度かこのテの質問を受けたことがある。
　現在これほど植物の輸出入に関する法の規制が確立されていて、おれたちが想像できないような量の植物が毎日世界中で海をまたいで動いている事実がある。これだけさまざまな植物が何百年にわたり海外から導入されてきた歴史があるにもかかわらず（それで人類は栄えてきたのに）、おれひとりになんとまあびっくりするようなことを言うものだ、と感心してしまった記憶がある。まさに木を見て森を見ざるの類いの話である。
　それは、たとえば木を切り倒してかわいそうと言うひとが、首を刈り取られ内臓を取り除いて焼かれた牛を食べてもなにも感じない話と似ているのかもしれない。100本のバラの花束をもらったときに感じる、"きれい"と思える感情と、100個の命が刈り取られているという事実と、そのバラの1本あたり何％が石油代なのかという疑問は、常に本質的に同居するが、だからといって日常的にそれを気にする必要もない。しかし"知らぬが仏"では、ちょっとおなかが空いてしまうというひとは、知ってみるのもよいだろう。なにかに狂おしいくらいマニアックになれば、自ずと知識が芽生えてくる。知るはたのしみなり。おれは、植物がたのしくてやめられない。

この本を作るにあたり、ものの2〜3分でリストアップした世界の植物たち。

世界中から
植物が集められた
花宇の温室。
その種類は
数千に及ぶ。

スペインにて。
樹齢1000年を超える
オリーブを
小豆島への移植に
成功。

ムラムラくる植物

この種は世界で最も大きく、最もひわいな種

プララン島にしか生えない、稀有なヤシの種。
見た目も大きさもほぼ女の下半身。
割れ目のしかるべきところに、ちゃんと毛が生えている。
現地で勝手に拾うと、逮捕される。
もちろん窃盗罪であり、わいせつ罪ではない。

ムラムラくる植物

学名　*Lodoicea maldivica*
英名　*cocode-mer, double coconut*
流通名・通称　フタゴヤシ、オオミヤシ
主な原産・分布国　セーシェル

113

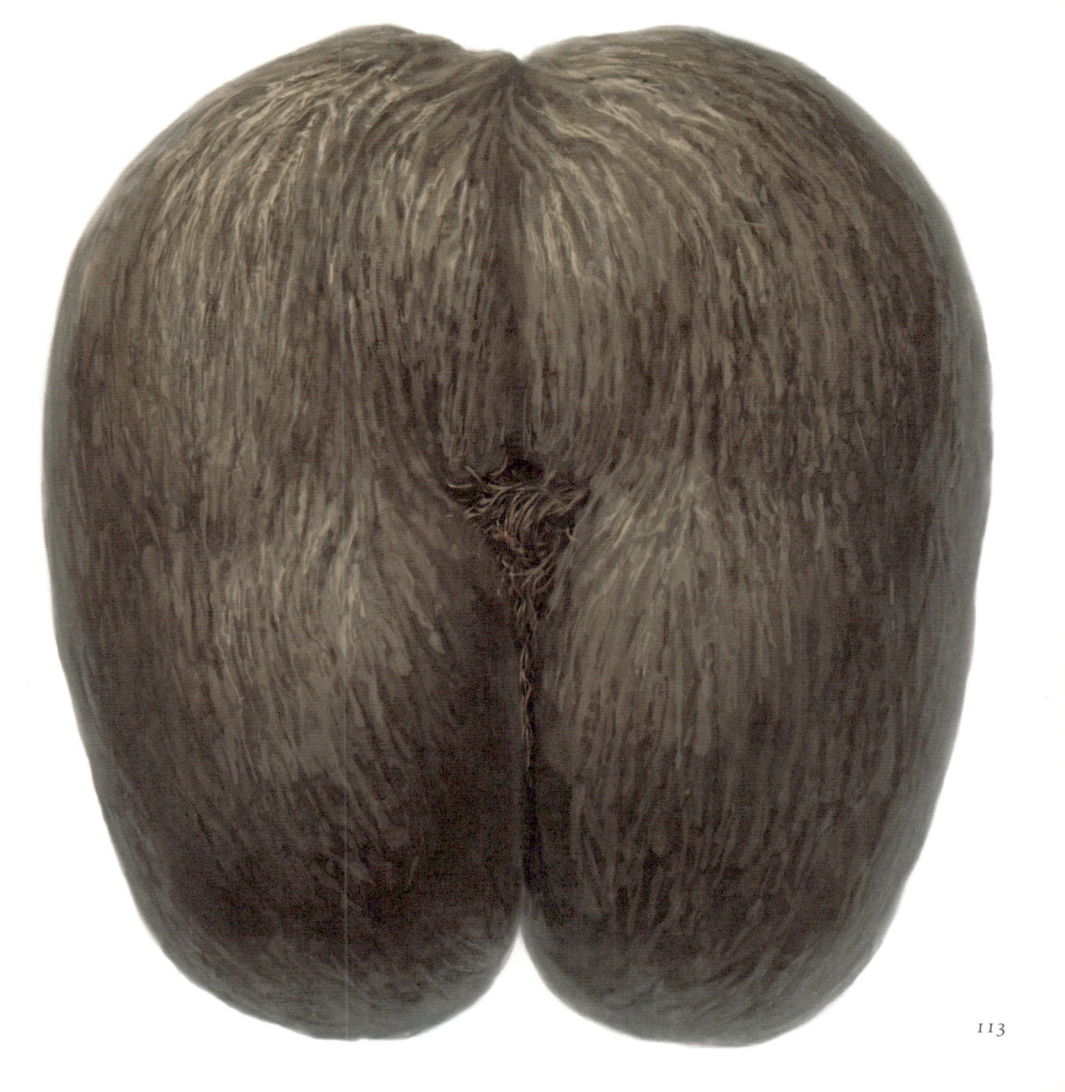

羊を絶倫にした媚薬

　昔から中国・四川省北部では、たくさんの羊が放牧されていた。あるとき、雄羊がそこに生えていたホザキイカリソウを食べたらアホみたいに絶倫になり、一日で100回交尾したという有名な逸話がある。こんな有用植物を利用しない手はないということで、いまではインヨウカクという生薬として流通している。インは淫乱の淫、ヨウは羊と書く。カクはなんか難しい漢字だったような気がする。

　日本でイカリソウがイカリソウと名付けられたのは、もちろん花が船の錨に似ているかららしいのだが、その花をよく見ていると、鉤に見える花弁の部分が4つあり、いわゆるポパイの入れ墨のイメージのような、おれたちが想像する錨の形とは正直似ていない。しかし歴史を詳しく調べてみると日本古来の船の錨は二本鉤ではなく四本鉤だったということを知ることができる。だからイカリソウと名付けられたのだ。だが、そんな文化的小ネタなどはどうでもいい。古今東西、とにかくおれたち人間は媚薬に興味が湧くものであり、イカリソウが媚薬になるという事実そのものが興奮材料なのである。

ムラムラくる植物

学名　*Epimedium sagittatum*
英名　*barrenwort*
流通名・通称　ホザキイカリソウ
主な原産・分布国　中国

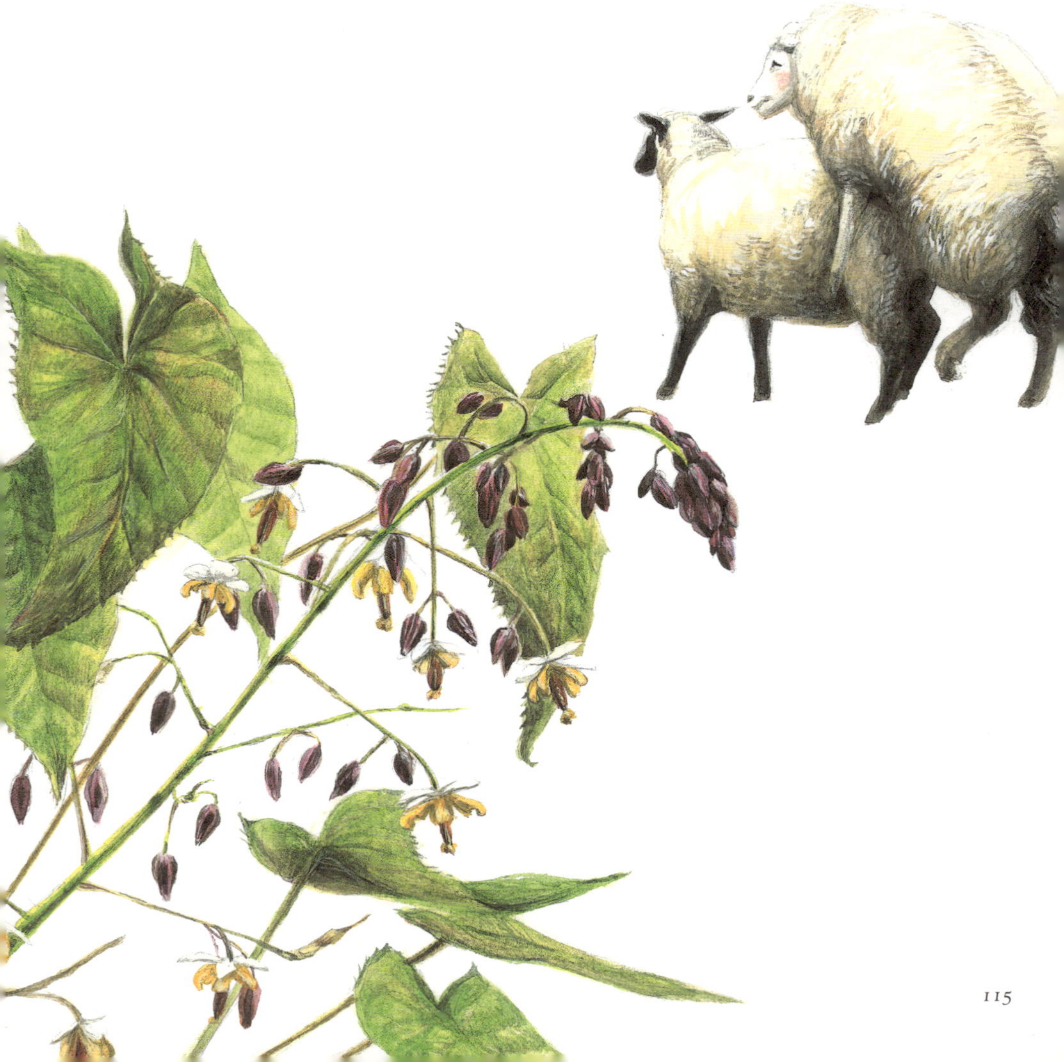

世界いち醜い植物の生殖活動

　イギリスの王立園芸協会が実施した"世界で最も醜い植物"のコンテストでぶっちぎりの優勝。その花の類いまれなる臭さと奇妙な姿は、世界中のどの花をも圧倒している。ここまで気持ち悪いと気持ちがよい。とんでもない花がスマトラ島のジャングルに生息している。

　その正体は、コンニャクの花である。

　地中に埋まった大きな芋が、毎年一枚ずつ葉っぱを出し、光合成などをして芋にエネルギーを蓄えては枯れる。それを繰り返すこと7年。準備が整うと、芋に蓄えた全てのエネルギーを用いて巨大な突起のような蕾を突き上げる。重力に逆らって3mもそそり勃つその蕾の姿は、もはや"男らしい"という言葉で例えられるような代物ではない。

　そして花が開くと、ボットン便所にたまったウンコと、二日酔いの翌朝のゲロと、腐った肉と、賞味期限が切れたブルーチーズをミキサーで混ぜたものに足の爪の垢をまぶしたような悪臭を放つ。これが"スマトラオオコンニャク"の生殖活動のはじまりである。自然界ではその悪臭でもって虫を集め花粉を媒介し受粉する。特に糞虫などに人気だそうだ。

　ちなみに人間様もこの珍奇な生殖器をもった花が大好きなようで、世界のどこかの植物園などで咲くと、必ずや大きなニュースになり、その花をひと目見ようと行列ができ、まるで糞虫のように集（たか）る習性がある。

ムラムラくる植物

学名　*Amorphophallus titanum*
英名　*titan arum*
流通名・通称　スマトラオオコンニャク
主な原産・分布国　インドネシア

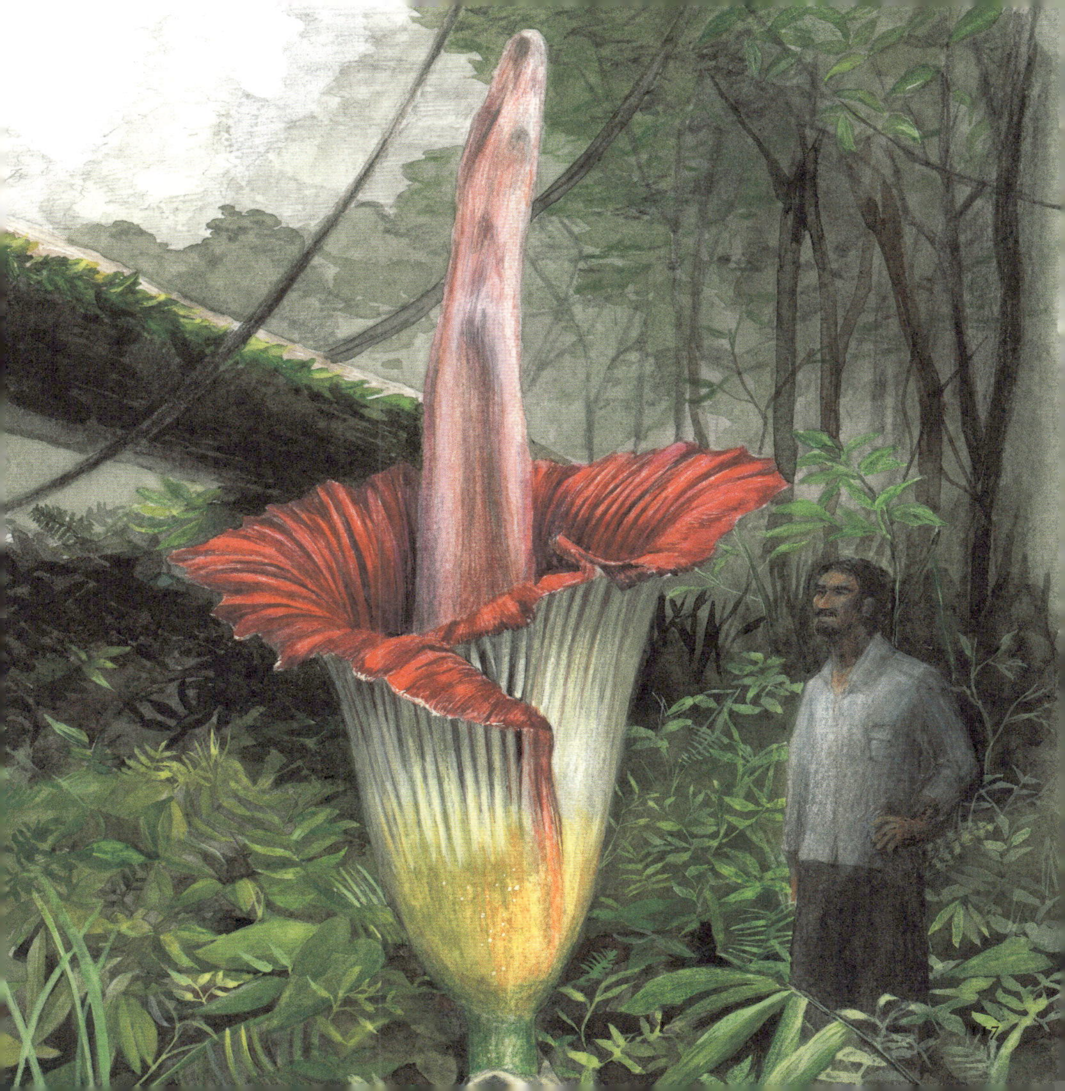

コツチバチのダッチワイフは知的でスレている。

　コツチバチのメスは、羽が無く普段は地中に住んでいるが、繁殖の季節にだけ地上に出てきて近くの植物の茎によじ登りフェロモンを発散しオス蜂を誘う。オス蜂はメス蜂を見つけると抱きかかえ、空中でセックスをする。

　オーストラリアの田舎で繰り広げられる、このような蜂たちのいたいけな行動を、冷めた目で研究してきたランがいる。この蜂たちの行動が自分の花粉を媒介するのに利用できると思ったのだ。

　そのランはハンマーオーキッドという。メス蜂そっくりな花を咲かせ、オス蜂がメス蜂と間違えて交尾をしにくるのを待つ。繁殖期のオス蜂はその花を見つけるとメス蜂と間違えて一生懸命青春を謳歌する。その際、花粉がオス蜂に付着し、結果的に媒介することになるのだ。しかも、ハンマーオーキッドのすごいところは、ちゃんと本物のメス蜂の性フェロモン（性誘引物質）に似た化学物質を出すことができるのと、本物のメス蜂が活動をし始める季節のちょっと前に合わせて花を咲かせるということ。そうすることで、メス蜂より先にオス蜂を利用できる。ただのダッチワイフではない。オス蜂を弄んで自分が得をする、かなり知的でスレた魔性の女なのだ。

ムラムラくる植物

学名　*Drakaea glyptodon*
英名　*hammer orchid*
流通名・通称　ハンマーオーキッド
主な原産・分布国　オーストラリア

実物大 119

タイの不思議なイチジクと、それにまつわる妄想

　タイの王族が頼りにしている凄腕プラントハンターを訪ねたときのこと。ジャングルから採集したばかりという不思議なイチジクを見せてもらった。葉っぱがくりんくりんに丸まっている、非常に興味深い植物だった。そのときプラントハンターから友好の証としてその植物をもらったので、そのお礼に後日メガネヤナギの苗をプレゼントするとたいそう喜んでくれた。メガネヤナギもまた、ヤナギの葉っぱがくりんくりんに丸まったおもしろい植物だ。そんなことから、この手で初めて日本に連れてきたそのイチジクをメガネイチジクと呼ぶことにした。

　旧約聖書「創世記」ではアダムとイブが、決して食べてはならないという"知恵の実"を食べて、楽園を追放された。その後二人が知ったのは"恥ずかしい"という感情だった。裸であることを恥ずかしいと知った二人は、イチジクの葉でアソコを覆うことにする。もしエデンの園にあったイチジクの品種がこのメガネイチジクだったとしたら、どうやってアダムとイブはその葉でアソコを隠したのだろうか。このメガネイチジクを見ているとそんなヨコシマなことをついつい考えてしまう。

　ちなみにメガネイチジクの実は、ちゃんと普通のイチジク浣腸のような形をしている。

ムラムラくる植物

学名　*Ficus* sp.
英名　−
流通名・通称　**メガネイチジク**
主な原産・分布国　**タイ**

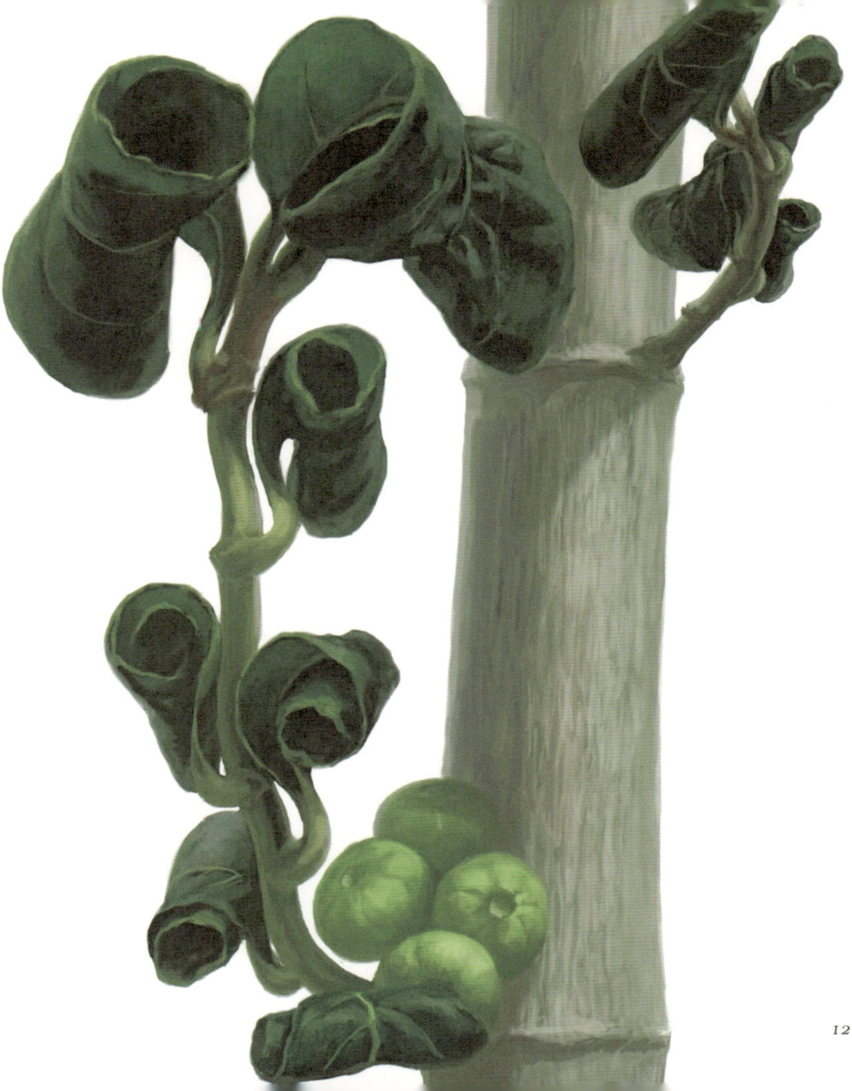

クリトリアのたのしみ方

　クリトリアがクリトリアと名付けられた理由についての説明など、そんなヤボな話は要らない。似ているのだから仕方ない。

　流通名はチョウマメ（蝶豆）。蝶に似ていることからそう名付けられたようだがあまり流行っていない。しかし、少なくとも18歳以下の子供はそう呼ぶべきなのかもしれない。

　この繊細でかわいいクリトリアの花を見ていると、吸い込まれるような魅力にうっとりする。そして今度は花びらをビラビラ広げて奥を覗いてみたり、匂いを嗅いでみたり、指でいたずらしてみたり、蜜が出てないか確認してみたり、はたまた川のせせらぎを見るようにゆっくりたのしんでみたり、いろいろなたのしみ方ができそうな気がしてくる。

　ちなみにこのクリトリアの花言葉は"小さな恋"。

　一体誰がこんな花言葉を考えたのかわからないが、とにかく大真面目に考えたにせよ、ふざけていたにせよ、センスのよさがうかがえる。

ムラムラくる植物

学名　*Clitoria ternatea*
英名　*butterfly pea, pigeon-wings*
流通名・通称　クリトリア、チョウマメ
主な原産・分布国　インド

123

愛を語る植物

愛を語る、風船のなかの種

　たわわに実ったそのたくさんの風船は、ちょうど梅干しの大きさくらい。細い蔓から伸びた枝先に、たくさん付いている。もちろん、その風船のなかは空気で満たされていて、指でつまんでみると"プスッ"といってつぶれる。なかから出てきたのは、緑色の小さな種だ。

　驚くべきは、なんとその小さな種に、白いハートの絵が描かれているのだ。全ての種に抜かりなくハートの絵が描かれている。なんとも不思議な種である。

　その緑色の種は、風船のなかで数カ月を過ごし秋になると黒色に変わる。それが来年、その種が芽を出す準備ができた証拠なのだ。もちろん、白いハートの絵はそのままだ。

　風船のなかで育つその種は、見た目のとおり、愛に満ち溢れている。胎内で育つヒトのあかちゃんが親の愛を一身に受けて生まれてくるように、フウセンカズラもまた、子孫を残すために花を咲かせ風船を実らせ、そのなかで大切に種を育む。ヒトも植物も同じ。無償の愛を子孫へつないでいくということを、この小さな種は物語っているのかもしれない。

愛を語る植物

学名　*Cardiospermum halicacabum*
英名　*balloon vine, heartseed*
流通名・通称　フウセンカズラ
主な原産・分布国　アメリカ

実物大

"メルシー、メルシー!!"

　2008年、初めて訪れた花の都・パリ。その洗練された街並みは、いままで旅した街と何かが違う。凱旋門から、かのシャンゼリゼ通りをゆく。向かったのはプチパレ美術館。そこで行われる、イケバナワークショップの準備に取り掛かるためだった。美術館のなかで花瓶に水を注ぐために水を汲みにいき、歩いていたそのときのことだ。

　血相を変え、凄い勢いでおれのことを後ろから追いかけてくる警備員のムッシュ。

"ダメダメ！　ここは水を持って歩いちゃいけない場所だよ！"

　フランス語がまったくわからないおれでも、ムッシュがそう言っているのは顔つきでわかった。

　焦ったおれは、なにか言わなきゃ！　と思ってとっさに一声。

"メルシー、メルシー!!"

　パニック状態で唯一知っているフランス語を言い放つ。無論けんかを売ったわけではない。これほど口にしやすいフランス語は他にないのである。

*メルシーとは、「そら植物園」が命名したミリオンハートという観葉植物のニューバージョンです。あなたの大切なひとへ。記念日に。がんばっている自分自身に。目の前にある植物に。美しき日々に。全ての感謝の時と場合を想い命名したものです。

愛を語る植物

学名　*Dischidia ruscifolia* 'Merci'
英名　*merci*
流通名・通称　**メルシー**
主な原産・分布国　−

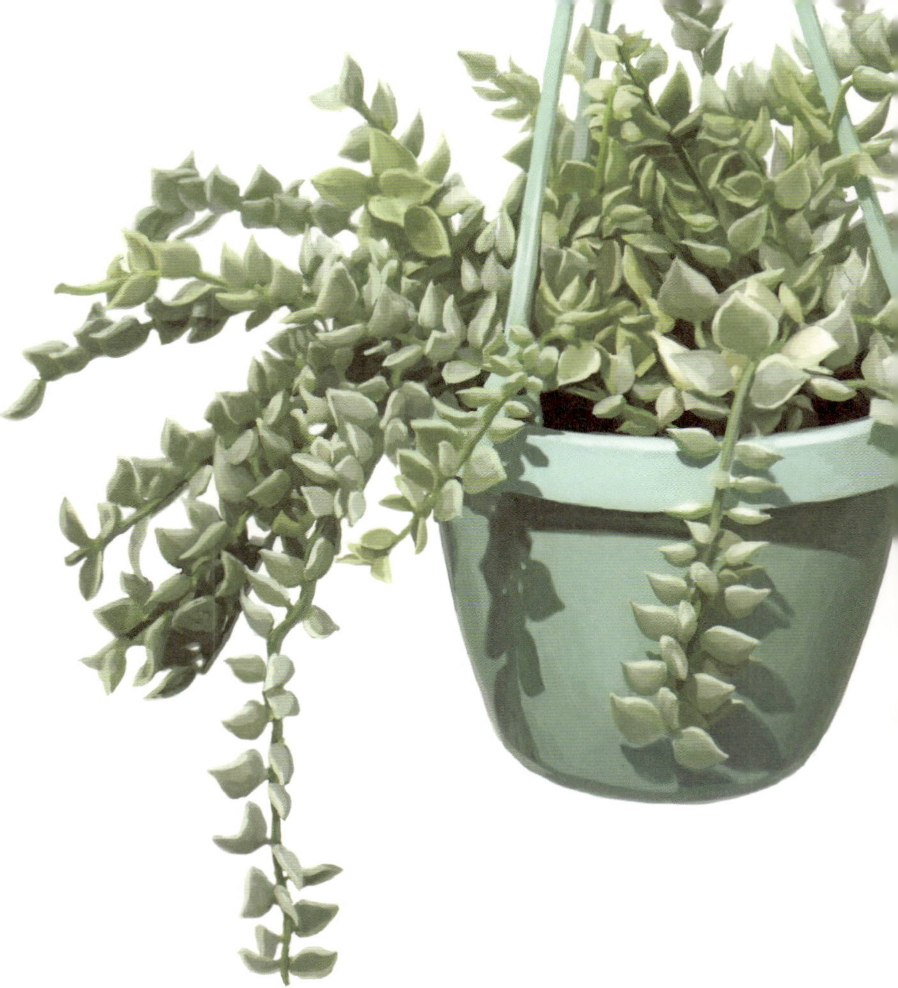

パッション違い

パッションフルーツといえば、ジューシーでさわやかなトロピカルフルーツというイメージである。そしてエキゾチックなその花は、言わずと知れたパッションフラワーだ。しかし、その名前に付いているパッションの意味が、"情熱"ではなく、実はキリスト教の"受難"を意味しているということはあまり知られていない。

いまから遡ること400年ほど前、南アフリカに布教に来ていたキリスト教のとある熱心な宣教師が、旅先でこの花を見て、十字架に掛けられたイエス・キリストを連想し、"この花こそ原住民が改宗を待ち望んでいる象徴の証なのだ！"と解釈したという。

なぜこの花を見てキリストを連想したのか。その宣教師さんによると、5本の雄しべがキリストが受けた傷、真ん中の子房柱が十字架、3本の柱頭が釘、副冠はいばらの冠、5枚の花弁と5枚のがくを足したものが10人の使徒を、それぞれ象徴している、ということだったらしい。

そう、正直身勝手な連想である。そしてその連想はとどまるところを知らず、ついには蔓状になっている巻きひげがムチを象徴しているとまで言い放った。ここまで来るとお手上げである。しかしその宣教師さんの情熱に乾杯して、"パッションフラワー"と呼んでみるなら、あきらめがつくのかもしれない。

愛を語る植物

学名　*Passiflora caerulea*
英名　*blue-crown passionflower, blue passionflower*
流通名・通称　トケイソウ
主な原産・分布国　ペルー、ブラジル

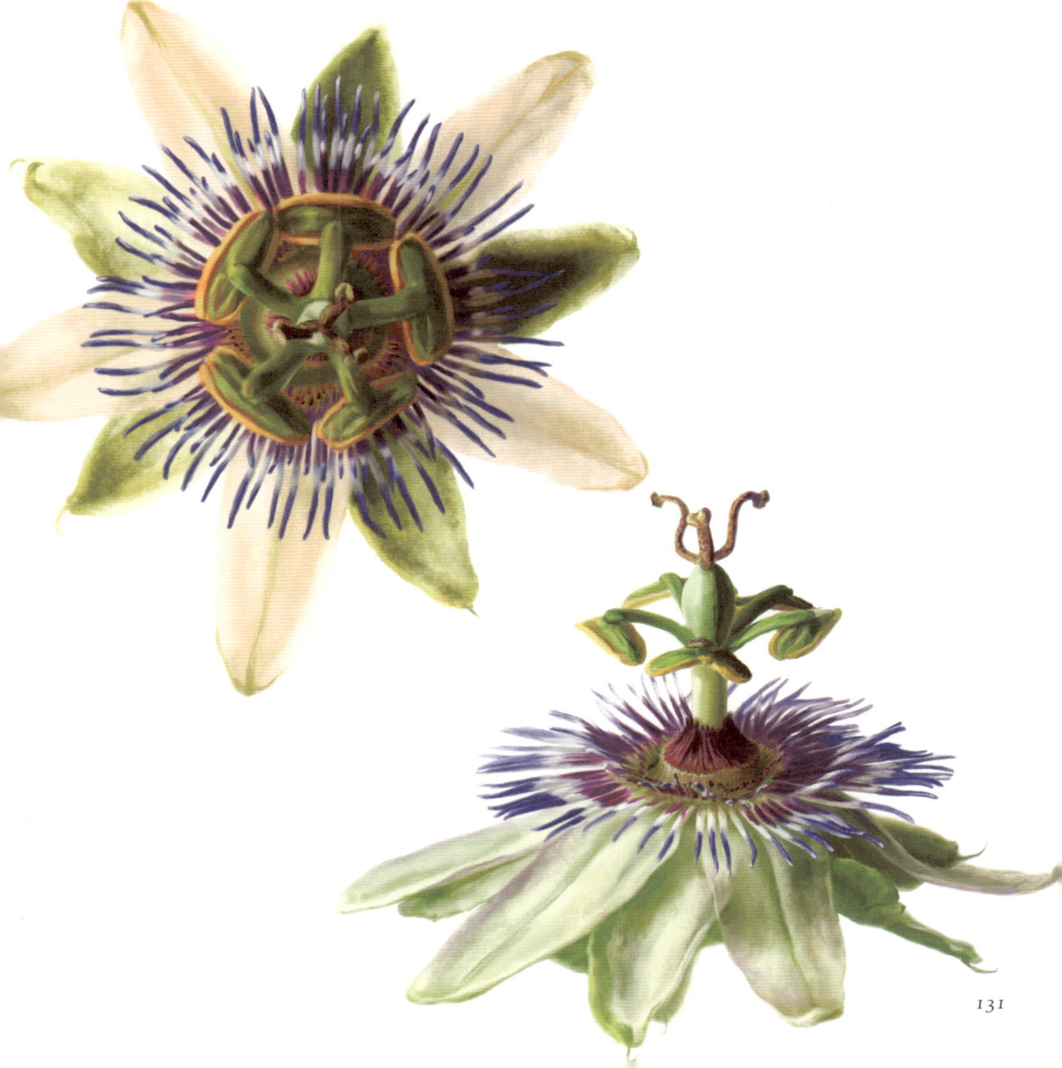

オサメユキという名の由来

　温度なのか湿度なのか、それとも日頃の行いなのか。なにが原因かはわからないが、この植物は育てているとたまに真っ白い新芽を出す、一風変わった観葉植物である。

　思い出すのは、この植物の名前を決める会議の日。白い葉っぱがだんだん緑に変化するさまを雪解けに見立て、当初は"残雪"や"なごり雪"などの名前が候補に挙げられた。しかし前者はシブすぎるし、後者はイルカにのっかり過ぎだし、そこでおれが提案した名前が、"納め雪"。白い葉っぱが緑に納まっていくから"納め雪"。植物の品種名は何かの名詞をそのまま引用したものが多い。だからあえて造語してみた。結局会議ではおれが押し切り、数カ月後には"オサメユキ"として農林水産省の新品種名登録書にサインをしていた。しかしこの名前にこだわったもうひとつの大きな理由があった。当時、"納本"という珍しい苗字の家の一人娘と結婚を控えていたおれが、自分と結婚するとその苗字がなくなることから、せめてその名を植物に残せたらと思い、当時呼ばれていた"オサメちゃん"というあだ名と、"雪"を掛けて付けた、お茶目な名前だったのだ。また、その後のおれの人生のモテキを棒に振ることを厭わず名付けた、ロマンチックなネーミングでもある。

学名　*Philodendron florida* 'Osameyuki'
英名　—
流通名・通称　オサメユキ
主な原産・分布国　インドネシア

愛を語る植物

133

植物と自殺

　ひとが自殺する主な理由といえば、病気や生活苦、人間関係などが挙げられる。いずれにせよ何らかの理由で精神を患い、自らの意思で命を絶ってしまうのだ。これはもしかしたら人間に"脳"といわれるものがあるからなのかもしれない。

　2008年、マダガスカルで偶然発見されたとある巨大なヤシが注目を浴びている。その名こそ、自殺ヤシ。

　この自殺ヤシは、ある日突然自ら死ぬことを決める驚くべき性質をもっている。では、植物が自殺する理由は一体なんなのだろうか。脳をもたない植物は、"生活が苦しくなった"とか、"生きていても希望がもてない"など理屈で考えて死ぬわけではない。自殺ヤシは、自殺すると決めると全身全霊で花を咲かせ、種をつけ、そして死んでいく。つまり自殺の理由はまぎれもなく種の保存と子孫繁栄のためなのだ。

　情勢が不安定なマダガスカルでは、政府が自然の保護まで手が回っていないのが現状で、野生の自殺ヤシは30本ほどしかない。自殺ヤシは、ひとの手を借りることはできず、自分たちがまさに命を懸けて残りわずかな種の保存に尽力し、なんとか命を次世代へつながなくてはならない。

　理由は多々あれど、せっかく授かった命を自ら絶つひとが増えていることを自殺ヤシが知ったら、"なんともったいない"と嘆くことだろう。

愛を語る植物

学名　*Tahina spectabilis*
英名　*tahina palm*
流通名・通称　タヒナ、自殺ヤシ
主な原産・分布国　マダガスカル

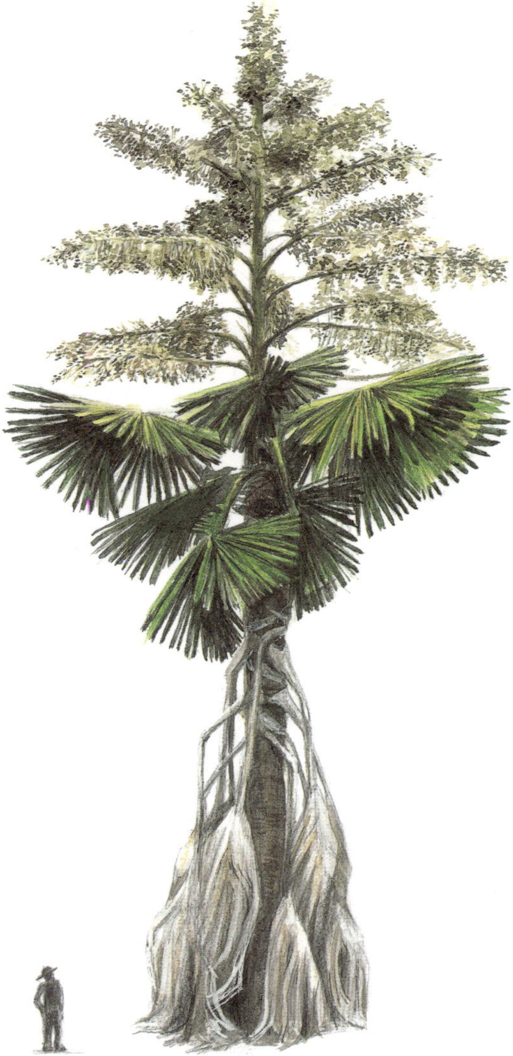

そら植物園とは。

　たとえば、あなたが朝起きてから歯磨きをして、玄関から出るまで一体何種類の植物のお世話になっているでしょう。毎朝歩く道では、一体何種類の植物を目にするでしょう。

　植物の存在は、私たちの身近にいる何気なくかけがえのないものです。

　また、21世紀の現在では、植物の可能性は、建築、アート、教育、音楽、医療、政治、化学、デザインなど、あらゆるジャンルと交ざり合い、垣根を飛び越えます。

　植物を愛でる心は、人種も年齢も性別も宗教も感じさせない。

　そして植物のスケールは、人間の想像を遥かに超えるのです。

　有史以前の時代から人々は植物によって栄え、植物と共に生き、恩恵を受けてきました。いま時代が、有機的な思考にシフトしていかなければならないときを迎え、まずは植物のことを気になるひとがひとりでも多く増え、この地球上で植物に対する愛情の絶対量が増えることを願います。そしてそのために、いま自分たちが実践できること、人が植物の魅力に出会えるようなあらゆる植物事業を日々推進し、サポートしていくことを続けていきたいと思います。

　そら植物園とは、ひとのこころに植物を植える"活動名"です。

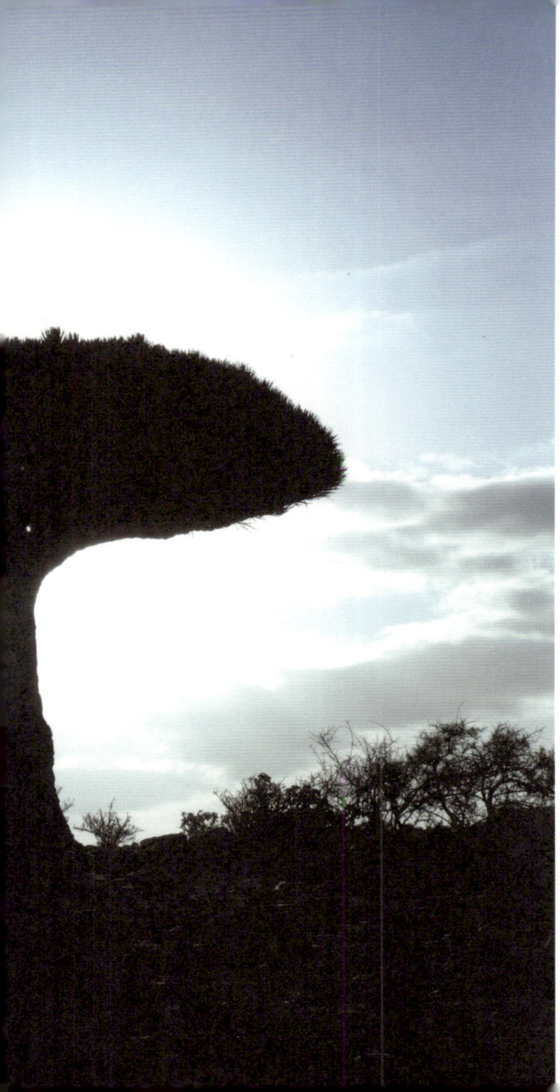

世界を変えた植物

花と金に狂うオランダ人を襲った
チューリップバブル事件

　たとえば、中国・雲南省で見つかったバナナは食用にこそならないが、雪にも耐える耐寒性が注目され、当初は1株30万円の値段で売買された。一時もてはやされた品種であったが、その後大量生産されるようになるとあっという間に30分の1くらいまで価格は下落した。

　新種や珍しい植物の売り買いとは、時に投機的な要素を含んでいて、売るタイミングを間違えると、このバナナのようにすぐ値崩れを起こすこともある。つまり、いかにひとより早く優秀な植物を手に入れ、いいタイミングで売るかというのが重要なのだ。

　いまから約400年前。オランダは空前絶後のチューリップブームであった。珍しい品種の球根をもっていればすぐに大金に換金できたから、花の生産者だけでなく一般市民まで、みなが我先にと投資目的で珍しいチューリップの球根を収集していた。過熱するチューリップ投機はどんどんスケールを増し、ついには、"無窮の皇帝"という品種の球根が、600tのライ麦と交換されたり、3億円の値がついたりもした。しかしそんなブームも去ると、やがて買い手がつかなくなり、過剰に投資した者はみな債権者となった。こうやってチューリップバブルは崩壊する。

　実は世界で初めて起きた経済バブル事件の要因は、植物だったのである。

世界を変えた植物

学名　*Tulipa* cvs.
英名　*tulip*（*Semper Augustus*）
流通名・通称　チューリップ（無窮の皇帝）
主な原産・分布国　オランダ

600t

ガウディに影響を与えたチャメ

　アンダルシアへ向かって地中海沿岸の乾燥地帯をドライブしていると、美しくおだやかな景色のなかに、オブジェのような植物をよく見かける。
　チャメロプス フミリスというヤシだ。その姿は、熱帯などで見かけるいわゆるトロピカルなヤシではなく、乾燥地に生きているだけあってワイルドなのに、幾何学的な形をしていて、なんともフォトジェニックである。
　おれが大好きな言葉のひとつに、
　　人間は何も創造しない。ただ、発見するだけである。
　という言葉がある。スペインの天才建築家・アントニオ=ガウディの言葉だ。彼はチャメの姿からインスピレーションを受け、建築のモチーフにした。サグラダファミリアのなかのあの巨大な柱を作る際もプラタナスをモチーフにしたように、常に自分に刺激を与えてくれる自然素材を探していたのだろう。個人的にはバイオミミクリー*的な考え方ではないところが、逆にすごく共感できる。プラントハンターの仕事は、何かを創造し産み出すことではなく、まずは役に立つ植物を発見するところから始まる。創造の極みとも思われるような作品を多く残した歴史的建築家があえて残したその言葉に、どうしても親近感を感じてしまう。

　　＊バイオミミクリーとは、生物の機能を模倣することで新しい技術を生み出す学問のこと。

　　　　　　　　　　　　　　　　　　　　　　　　学名　*Chamaerops humilis*
　　　　　　　　　　　　　　　英名　European fan palm, Mediterranean dwarf palm
　　　　　　　　　　　　　　　　　　流通名・通称　チャボトウジュロ、チャメ
　　　　　　　　　　　　　　　　主な原産・分布国　スペイン、ポルトガルなど

143

ガウディに影響を与えたチャメの、銀色バージョン

　あるとき、オランダから種商人がわざわざ兵庫県まで営業に来たとき、こんな話を聞いた。"モロッコとアルジェリアの国境の、アトラス山脈の限られた地域に、銀色のチャメロプスがあるんだ。種を手に入れたいとは思わないか？"

　衝撃的な話だった。高い山に生きる植物は、まれに強い日差しや紫外線から自分の身を守るため、銀色のワックスを身にまとうことがある。その銀色のチャメもきっとそうなのだろう。

　それから7年後、おれはモロッコの地図を広げ、アトラス山脈を目指し車を走らせていた。あこがれの植物に会う前はいつも緊張する。まるで、片想いをしている中学生のような気分だ。舗装されていない山道をどんどん登っていく。乾燥した大地は、モロッコの色そのもので、いちいちオシャレなセピア色だ。山の小道に入り、何時間も走っていると、なんの前触れもなく目に入ってきた、銀色のヤシ。

　7年越しの、夢にまで見た光景だった。これだからプラントハンティングはやめられない。チャメも好きだけど、銀色の珍しいタイプを見てしまうとなおさら虜になってしまう。このような経験を繰り返して植物愛好家はどんどん自分の世界を掘り下げてしまう。植物っていうのは、好きになるとどんどん深みにはまり、好きじゃなかったころの世界には戻ることはできないのだ。

世界を変えた植物

学名　*Chamaerops humilis* 'Argentea'
英名　blue Mediterranean fan palm
流通名・通称　銀チャメ
主な原産・分布国　モロッコ

145

天下人の世界観を変えた、一輪のアサガオ

　利休の茶室の庭に、見事なまでにたくさんのアサガオが咲いているとウワサを聞いた秀吉は、ある日利休に茶会を開くよう命じた。
　"たいそう評判と聞く、利休の庭の朝顔が一体どれほどのものか"
　秀吉がそのアサガオをたのしみに茶室を訪れたその日、庭に入ると、咲いているであろうアサガオの花が一輪もない。驚くべきことに全ての花が切り取られていたのだ。不思議に思った秀吉がにじり口から茶室に入ると、アサガオが一輪、静かに床の間に活けてあった。
　利休は、あえて庭の全ての花を切り取り、逆に一輪の美しさを見せることによって、よりアサガオの美しさを秀吉に伝えたのであった。

　なんとその一輪の美しいこと──
　秀吉はその室礼(しつらい)にたいそう感嘆してしまったという。
　このように、千利休というたった一人の茶人の美意識が、世の中のなにもかもを思いのままにしてきた天下人・秀吉の世界観をことごとく変えてきた。この一輪のアサガオの逸話は、豪華絢爛だった秀吉の美意識に対するアンチテーゼのみならず、500年も前から足し算ではない引き算の美学を世界レベルで先駆けて見つめていたという、日本人が誇るべき利休の美意識を物語っているような気がしてならない。

　＊イラストの茶室はイメージです。

世界を変えた植物

学名　*Pharbitis nil*
英名　*Japanese morning-glory*
流通名・通称　アサガオ
主な原産・分布国　日本

147

ペヨーテは神である。

　ペヨーテを狩りに行くため、巡礼の旅に出る者はまず、懺悔と清めの儀式を受けなければならない。それまでの性体験についてみなの前で朗唱しなければならないが、誰しも羞恥心や憤りや嫉妬心を感じるものはない。ペヨーテが生育している聖地・ウィリクタに着くと、儀式が始まり、参列者はシャーマンによって目隠しをされ"宇宙の入口"に連れて行かれる。司祭たちが祈りを捧げている間シャーマンはずっとシカの足跡を見ている。そして矢を引き抜きペヨーテを射るのだ。その後ペヨーテを籠いっぱいに収穫し共に食す。

　ウイチョル族にとってペヨーテは、何千年もの間"神"そのものであった。

　アメリカの他の先住民もまたこのペヨーテの存在を崇め、たくさんのペヨーテカルトが広がった。しかしペヨーテを食べたあとにやってくる、ドラッグのような強烈な幻覚作用ゆえに地方自治体などに反対されていたという事実もある。日本ではウバタマと呼ばれ、サボテン屋さんが育てて販売している。興味のあるひとはぜひ買って食べてみてほしい。なんの幻覚作用もない。どうやら、"宇宙の入口"で食さなければその効果は得られないのかもしれない。

　ちなみに、ペヨーテは1995年、アメリカ先住民会における使用はクリントン元大統領によって合法化された。

世界を変えた植物

学名　*Lophophora williamsii*
英名　*mescal button, peyote*
流通名・通称　ペヨーテ、烏羽玉
主な原産・分布国　アメリカ、メキシコ

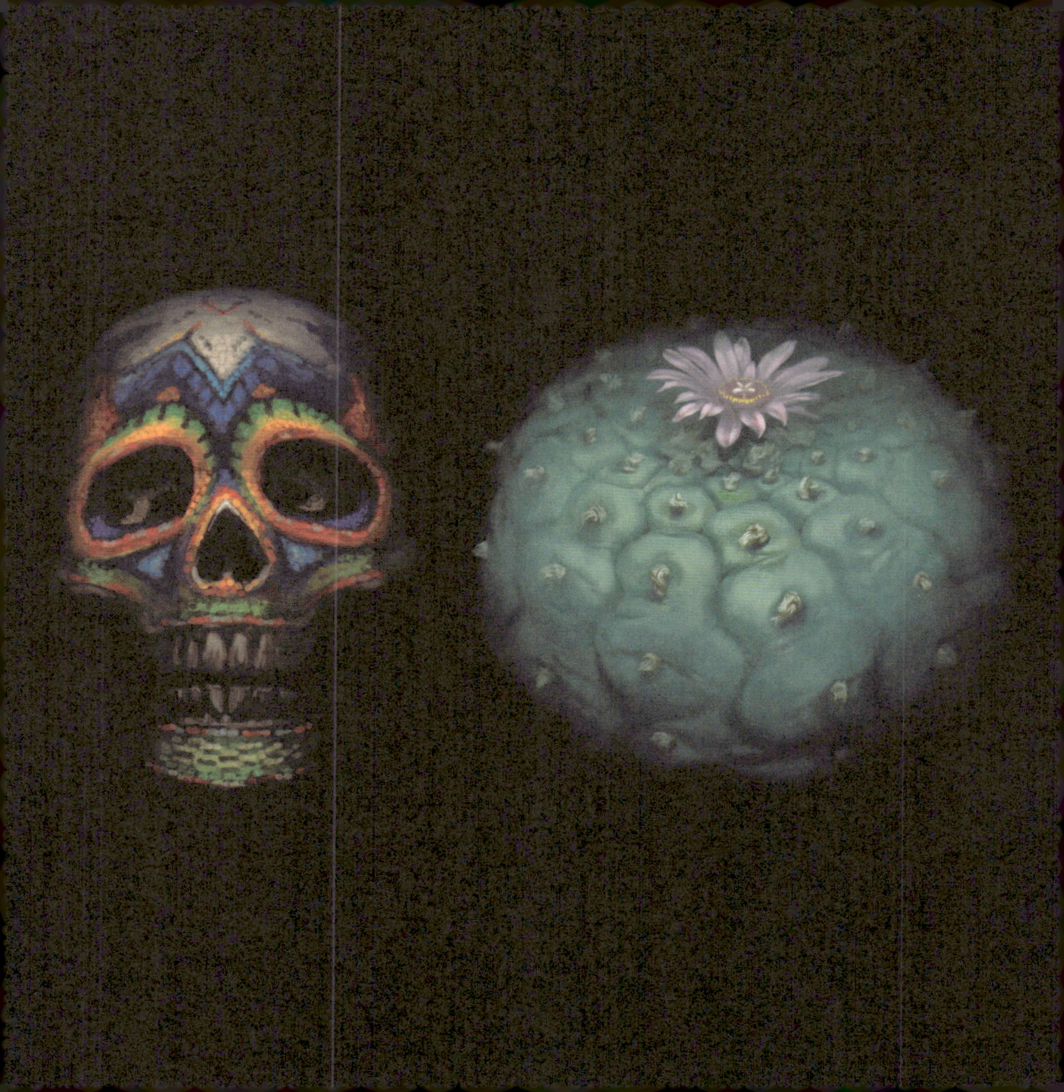

おれの世界を変えた植物

　150年間植物を生業にしてきた家に生まれたが、植物に一切の興味がなく18歳まで普通に育った。

　その後、海外を放浪し始めて21歳のときに登った、ボルネオにあるキナバル山。赤道直下の熱帯雨林に位置しながらも標高4000mを超えるその山は、頂上は寒風が吹き荒れ、氷点下になりうる特殊な環境だ。登山すると、熱帯、亜熱帯、温帯、亜寒帯、寒帯と地球上にあるおおよそ全ての環境をひとつの山で体験することになる。そんな特殊な環境で育つ植物は独特の進化を遂げていて、植物学者にとっては聖域のような山なのだ。すでに高度は雲の上。そんな場所でふいに目に飛び込んできた世界最大の食虫植物、ネペンセスラジャは、あまりにも圧倒的だった。

　"マジすげえ！"

　歯が抜けるかと思うくらいの衝撃だった。それからおれの人生観・世界観は180度変わった。

　ひとは長い人生のなかで、なにかのきっかけで植物にモノゴコロつくことがあるのだと思う。そうやって本当の意味で植物や自然に対しての愛が芽生えるときがくるのだ。かつてのおれがそうであったように。

世界を変えた植物

学名　*Nepenthes rajah*
英名　*rat-trapping pitcher plant*
流通名・通称　ネペンセスラジャ、オオウツボカズラ
主な原産・分布国　マレーシア

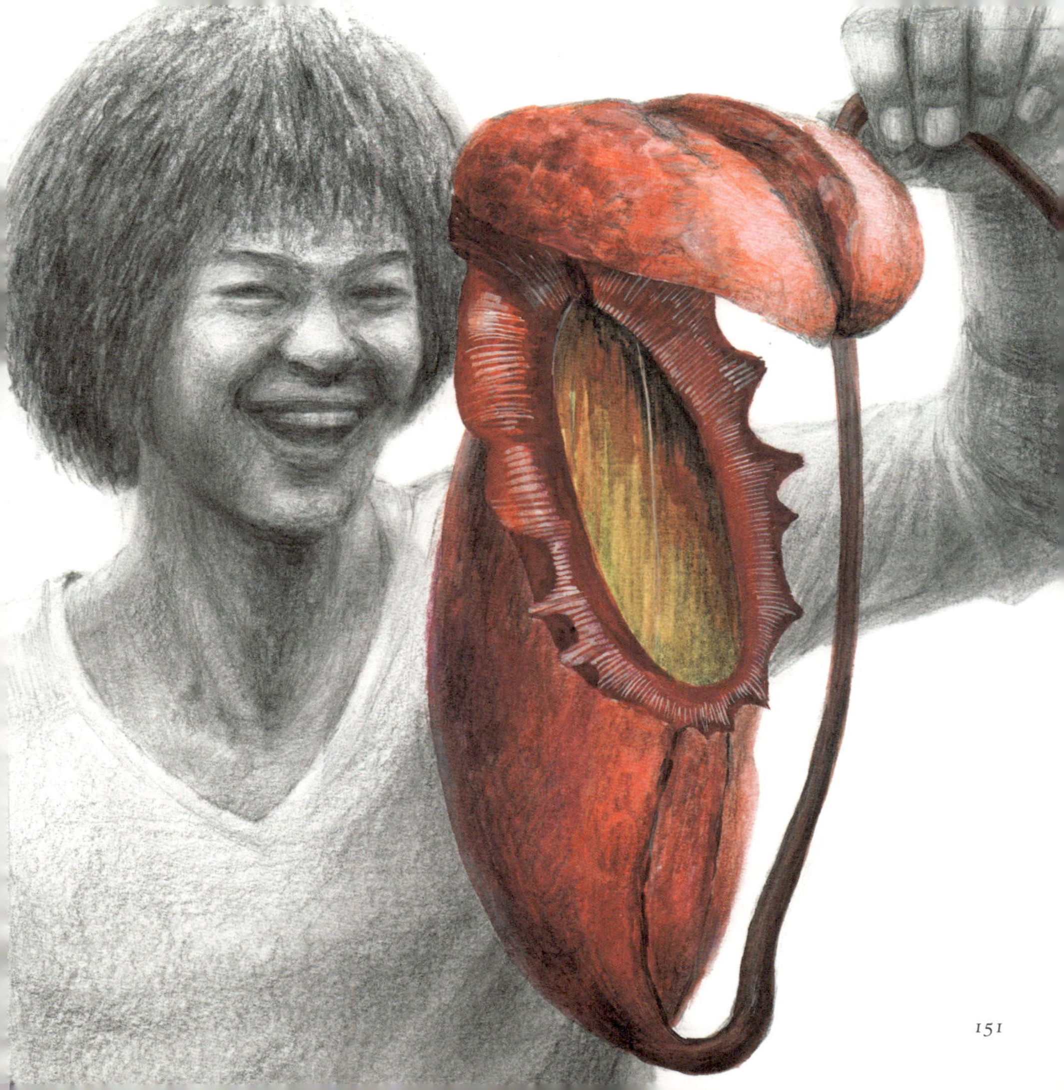

明日も陽はまわる。

　この本を執筆し始めて佳境を迎えていたころのある日、小学校で習った俵万智さんの歌を思い出した。

　「寒いね」と話しかければ「寒いね」と答える人のいるあたたかさ

　もしかしたら、ずっとおれもそうだったのかもしれないと思ったのだ。
　おれが植物を見て"おもしろいね"とつぶやいたら、そのたびに隣に誰かがいて"おもしろいね"と言ってほしかったのかもしれないな、と。
　たとえば、ひまわる。
　ひまわるは陽まわる。ひまわりは、太陽のほうに顔を向けるが、このひまわるは、全ての方向に向かって丸く花を咲かす、本当に本当に稀有なひまわりの新種なのだ。
　ひまわるは世界に誇るべき宇宙の奇跡。
　このすごさを、ひとりでも多くのひとにわかってもらいたい。
　たとえば、ただただそれだけのことなんだろうと思う。
　世界にはまだまだ見ぬ花があるでしょう。見つけたときは伝えたい、そう思うでしょう。

　最後までこの本を読んでくださり、本当にありがとうございました。
　明日も、変わらずおもしろい植物の発見と、その魅力の発見に、この人生全てをかけていきたいと思います。

学名　*Helianthus annuus* 'Himawaru'
英名　—
流通名・通称　**ひまわる**
主な原産・分布国　**日本**

世界を変えた植物

153

おわりに

　プラントハンターとは、イギリスで17世紀ごろから活躍した職業で、主に王族や貴族のために有用植物や観賞用の植物を、海を渡ってまで探しにいった人たちのことをいうらしい。時代は移り、現代になって、おれの仕事は諸国の王族や貴族のためのときももちろんあるが、それだけでなく、世間のさまざまな需要に応えて日々植物を収集、供給している。ここ10年くらいそんな毎日を送っているおれと出会うと、魔法にかかったように植物のことを好きになってしまうひとが続出するのを、この目で何度も何度も見てきた。これは自慢話ではなく、大真面目に植物の仕事をやっているおれにとっては大きな励みになっている。

　今回は、得意技である植物そのものを用いず、言葉という形で自分なりにがんばって植物の魅力を伝えてみた。願わくは、この本にちりばめられた、植物話がそらみみのように聞こえ、植物がいかに多様で、それにまつわる物語がいちいちおもしろいかということに気づき、最終的にそれが植物……ひいては自然や環境や植物文化への敬意と理解、そしてなにより興味を深めるきっかけになれば本望なのである。ふと、ひとの心のなかに植物園ができるようなイメージだ。

　最後になったが、この本を作るにあたり、イラストを手がけてくれた武蔵野美術大学のみんな、その他制作に関わってくださった方々の心にも気がつけば、植物園が……とにかく、協力してくださった皆さんに感謝の意を表したい。

西畠清順拝

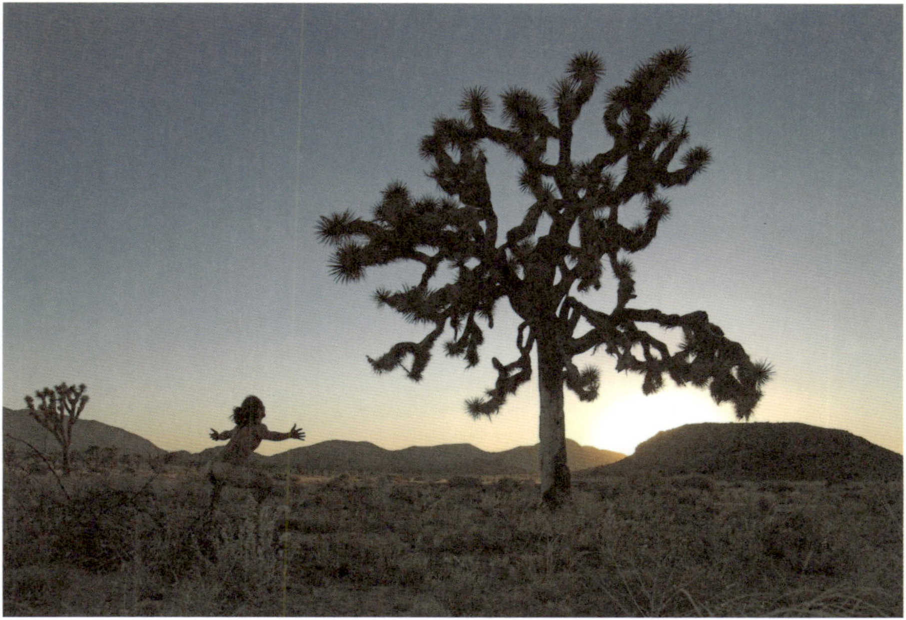

西畠清順(にしはたせいじゅん)
1980年生まれ。明治元年より150年続く、花と植木の卸問屋「株式会社 花宇」の5代目。日本全国、世界数十カ国を旅し、収集・生産している植物は数千種類。日々集める植物素材で、国内はもとより海外からのプロジェクトも含め年間2000件を超える案件に応えている。2012年1月、ひとの心に植物を植える活動「そら植物園」をスタート。コンサルティング事務所を構え、さまざまな企業・団体・個人と植物を使ったプロジェクトを多数進行中。著書『プラントハンター 命を懸けて花を追う』(徳間書店)。

そらみみ工房
武蔵野美術大学の4年生(当時)による絵描きユニット。柴崎瑞季、鈴木亜須賀、関根淳、中野千晶の4名からなる。『そらみみ植物園』の制作のためにオーディションを行い、集結・結成された。

イラスト
柴崎瑞季 19・27・29・37・43・49・51・59・61・65・71・77・85・115・117・119・135・141・145・151ページ
鈴木亜須賀 11・21・33・41・81・147ページ
関根淳 13・15・17・31・35・45・47・53・67・75・79・87・97・99・103・105・113・121・123・129・131・149・153ページ
中野千晶 23・63・73・83・95・101・107・127・133・143ページ

special thanks
荒俣宏　市吉秀一　大久保光子　荻巣樹徳　summer cloud　千宗屋　俵万智
塚田直寛　橋口博幸　三浦しをん　宮本敏明　望月昭　代々木ヴィレッジ
(敬称略・五十音順)　この本に協力してくれた皆様

※学名表記及び英名表記は『園芸植物大事典』(小学館)によるものが大半ですが、掲載されていない植物については『世界有用植物事典』(平凡社)と荻巣樹徳先生のアドバイスによるものです。

引用文献

『快楽植物大全』R・E・シュルテス、A・ホフマン、C・レッチュ／著　鈴木立子／訳　東洋書林　74 ページ
『ガウディの伝言』外尾悦郎／著　光文社新書　142 ページ

参考文献

『植物はすごい』田中修／著　中公新書
『世界の珍草奇木』川崎勉／著　内田老鶴圃
『熱帯植物　天国と地獄』清水秀男／著　エスシーシー
『樹木の伝説』秦寛博／編著　新紀元社
『植物の私生活』デービッド・アッテンボロー／著　門田裕一／監訳　山と溪谷社
『幻の植物を追って』荻巣樹徳／著　アボック社
『山上宗二記 — 付・茶話指月集』熊倉功夫／校注　岩波文庫
『園芸植物大事典』塚本洋太郎／総監修　小学館
『世界有用植物事典』堀田満、山崎耕宇、星川清親　他／編　平凡社
『種子のデザイン — 旅するかたち』岡本素治、小林正明、脇山桃子／著　LIXIL 出版
『プラントハンター東洋を駆ける — 日本と中国に植物を求めて』アリス・M・コーツ／著　遠山茂樹／訳　八坂書房

映画『利休』勅使河原宏／監督　松竹／配給

参考 URL

http://thumbnail.image.rakuten.co.jp/s/?@0_mall/kairyoen-e-flower/cabinet/01472387/img57621360.jpg
http://lh3.ggpht.com/_lmgSAAm3Lnk/S3rAQOE8ghI/AAAAAAAACoU/Egs8CfpDn-o/s1600-h/IMG_14944.jpg
http://lh4.ggpht.com/_lmgSAAm3Lnk/S3rARitPiul/AAAAAAAACwc/F99gZg-T9CM/s1600-h/IMG_14684.jpg
http://upload.wikimedia.org/wikipedia/commons/8/85/M_acuminata_x_balbisiana.JPG
http://upload.wikimedia.org/wikipedia/commons/e/e4/Luxor%2C_Banana_Island%2C_Banana_Tree%2C_Egypt%2C_Oct_2004.jpg
http://natureart-mooju.cocolog-nifty.com/photos/gallery5/009_pc034613.html
http://puripuri.blog.so-net.ne.jp/2011-10-27
http://blog.kantanwc.com/e370883.html
http://photozou.jp/photo/show/47630/64702994
http://photozou.jp/photo/show/47630/64703256
http://www.thehoneytreenursery.com/Exotic-Trees-and-Plants.php
http://upload.wikimedia.org/wikipedia/commons/d/d9/Jardi_botanic_de_barcelona_yucca_rostrata.jpg
http://upload.wikimedia.org/wikipedia/commons/b/bc/?ucca_rostrata_fh_1186.13_TX_BB.jpg
http://upload.wikimedia.org/wikipedia/commons/9/9a/Yucca_rostrata.jpg?uselang=ja
http://zheninternational.cocolog-nifty.com/photos/unca_egorized/2012/05/14/img_0854.jpg　http://zheninternational.cocolog-nifty.com/photos/uncategorized/2012/05/14/img_0877.jpg
http://4travel.jp/overseas/area/latin_america/mexico/mexico_city/travelogue/10241771/
http://korpokkuru.exblog.jp/iv/detail/index.asp?s=145&0225&i=201201/28/24/a0248924_14461072.jpg
http://www.penick.net/digging/?p=280
http://inventsolitude.sblo.jp/article/39522660.html
http://blogs.dion.ne.jp/cio_z7/archives/6033640.html

http://frogatarou.exblog.jp/iv/detail/index.asp?s=8666440&i=200807/20/75/f0137275_23282713.jpg
http://upload.wikimedia.org/wikipedia/commons/9/9e/Davidia_involucrata_vilmoriniana_138-8432.jpg?uselang=ja
http://upload.wikimedia.org/wikipedia/commons/2/2d/BotGartenMuenster_Taschentuchbaum_6660.jpg
http://upload.wikimedia.org/wikipedia/commons/c/cb/BotGartenMuenster_Taschentuchbaum_6666.jpg
http://www.bg.s.u-tokyo.ac.jp/nikko/3_ennai/explanation/10_hankachinoki.html
http://blog.goo.ne.jp/keisukelap/e/b04518 24b96bc703bd6246b30c5e3b15
http://www.oricon.co.jp/news/photo/53685/2/
http://blogs.yahoo.co.jp/aramata_hiroshi/GALLERY/show_image_v2.html?id=http%3A%2F%2Fimg2.blogs.yahoo.co.jp%2Fybi%2F1%2Fdf%2F01%2Faramata_hiroshi%2Ffolder%2F890460%2Fimg_890460_58647346_2%3F1263911316&i=1
http://www.hak.hokkyodai.ac.jp/topics/278_index_msg.html
http://wareaisuru.exblog.jp/iv/detail/index.asp?s=9697819&i=200809%2F13%2F64%2Fc0177264%5F9222367%2Ejpg
http://yoshunen.shop-pro.jp/?pid=45119963
http://img.tabelog.com/restaurant/images/Rvw/423/423078.jpg
http://thumbnail.image.rakuten.co.jp/s/?@0_mall/garden-story/cabinet/kuri/togenasikuri.jpg
http://takemushi.blog.eonet.jp/takemushi/2010/10/post-6139.html
http://livedoor.blogimg.jp/asagao0224/imgs/4/8/48d7162c.jpg
http://academic4.plala.or.jp/toyoda/togenasikuri/togenasi4.jpg
http://hanapon.karakuri-yashiki.com/miraclefruit.html
http://www.gaudidesigner.com/uk/casa-vicens-gaudis-sketch-of-the-vicenss-gate_76.html
http://s3.amazonaws.com/readers/scienceray/2008/07/24/233685_7.jpg
http://blogimg.goo.ne.jp/user_image/03/89/dc30ab3664d0176a89076b316042ef69.jpg
http://pds.exblog.jp/pds/1/201012/17/60/b0207160_10564168.jpg
http://blogimg.goo.ne.jp/user_image/06/f5/4bc8a963eb702a9a9a7584e90fba6db2.jpg
http://www.highsnobiety.com/news/wp-content/uploads/2011/10/beaded-skulls-catherine-martin-1.jpg
http://www.gentlebreeze.it/wp-content/uploads/2011/11/Boy-Coco-de-Mer_Raymond-Sahuquet.jpg
http://blog-imgs-26.fc2.com/a/s/h/ashitaka23/mandoreiku2-470.jpg
http://www.23hq.com/580572/672261_04d3cbe346ed8a25f375429095711788_large.jpg
http://tealia.blog.so-net.ne.jp/tblog/_images/blog/TTT/2667942.jpg
http://indica.exblog.jp/iv/detail/index.asp?s=15644389&i=201206/26/92/a0152692_18205886
http://rundle2949.up.seesaa.net/image/strelitzia_001.JPG
http://www.photolibrary.jp/mhd7/img39/450-200704222213258091.jpg
http://blog-imgs-11.fc2.com/s/h/i/shimoda/20070331184510.jpg
http://www.natuurfotoalbum.eu/map/showphoto.php?photo=77709&title=encephalartos-woodii&cat=548
http://plantnet.rbgsyd.nsw.gov.au/PlantNet/cycad/images/Encephalartos_woodii_0.jpg
http://www.epochtimes.jp/jp/2010/05/img/m62945.jpg
http://blog-imgs-49-origin.fc2.com/k/i/l/kilohana/blog_import_4ef8524accf4e.jpg
http://hotel.i-frontierasia.com/malaysia/parts/top_photo/rafflesia.jpg
http://bimg.antaranews.com/bengkulu/2011/12/ori/20111213raflesia.jpg
http://www.cactofili.org/images/plants/dracaena_cinnabari_4_118.jpg
http://www.sendungen.sf.tv/var/storage/images/sf/auftritte/sendungsauftritte/dok/sendungen/dok/archiv/dok-vom-25.06.20102/im-trockenen-ueberleben/40180903-1-ger-DE/Im-Trockenen-Ueberleben.jpg
http://stat.ameba.jp/user_images/20121230/15/ma-sabo/43/6f/j/o0400051912354019807.jpg
http://blog.minhana.net/20121024_flower_04jpg.jpg
http://e-28.jp/blog/image/001426.jpg
http://pds.exblog.jp/imgc/i=http%253A%252F%252Fpds.exblog.jp%252Fpds%252F1%252F201009%252F22%252F71%252Fc0149571_1831627.jpg,small=800,quality=75,type=jpg
http://neposaka-news.img.jugem.jp/20120621_2588729.jpg
http://pds.exblog.jp/pds/1/201109/22/30/a0212630_17383671.jpg
http://pds.exblog.jp/pds/1/201209/17/79/f0222079_8383654.jpg
http://pds.exblog.jp/pds/1/200907/30/14/d0025414_17325251.jpg
http://img.plantphoto.cn/image2/b/427500
http://xaxor.com/wp-content/uploads/2012/10/Giant-Sequoia-trees3.jpg
http://nature.ca/notebooks/english/iguana_p0.htm
http://www.galakiwi.com/prickly-pear-cactus
http://setoumi.exblog.jp/iv/detail/index.asp?s=19421773&i=201211/03/11/b0134411_0151776.jpg
http://blogs.yahoo.co.jp/shigeto1953/GALLERY/show_image.html?id=28767924&no=0
http://aconitum.exblog.jp/iv/detail/index.asp?s=9883529&i=200811/16/48/b0029648_22452473.jpg
http://en.rocketnews24.com/2013/03/01/goats-on-a-tree/

http://www.apatita.com/herbario/Sapotaceae/Argania_spinosa.html
http://www.plantsystematics.org/imgs/jdelaet/r/Sapotaceae_Argania_spinosa_30913.html
http://tree-species.blogspot.jp/2007/11/argan-argania-spinosa.html
http://il-filo-conduttore.blogspot.jp/2011/12/argania-spinosa-per-le-zone-in-via-di.html
http://nomoredirtylooks.com/tag/goats/
http://www.123rf.com/photo_1015131_moroccan-goat-on-tte-tree.html
http://www.agefotostock.com/en/Stock-Images/Rights-Managed/C43-1101455
http://www.kevindanenberg.com/blog/2007/11/high-periors/
http://www-ssrl.slac.stanford.edu/content/science/highlight/2002-03-29/formation-chlorinated-hydrocarbons-weathering-plant-material
http://www.pepinieres-de-claireau.com/les-jeunes-plants-resineux/635-sequoia-sempervirens-jeunes-plants-en-godet.html
http://ameblo.jp/wo-t/entry-11337254032.html
http://madagaskar.malala-madagaskar.net/htm_bilder_ostkueste_madagaskar_und_sainte_marie.htm
http://www.diversityoflife.org/imgs/pso/r/Strelitziaceae_Ravenala_madagascariensis_4551.html
http://zookeepersjournal.com/wiki/index.php?title=File:Travellers_Palm.jpg
http://www.flickr.com/photos/jeremy_holden/389891146/
http://acmphoto.photoshelter.com/image/I00004FmtTEXCYSM
http://acmphoto.photoshelter.com/image/I00000OxfGLHBcz.Vk
http://www.flickr.com/photos/johan_van_roy/3208001764/
http://www.aroid.org/genera/serveimage.php?key=2410
http://www.visoflora.com/photos-nature/photo-amorphophallus-titanum-4-aracees.html
http://www.geocities.ws/rsn_biodata/Data/Amorphophallus_titanum.html
http://cheeseweb.eu/2011/03/national-botanical-garden-belgium-photo-story/
http://news.nationalgeographic.com/news/2009/05/photogalleries/top-ten-new-species-pictures/index.html
http://www.lucytsmith.com/?q=node/30
http://jomcolourme.blogspot.jp/2009/04/can-this-be-self-destructing-palm-tree.html
http://yemen.way-nifty.com/blog/2010/08/index.html
http://ciba.cocolog-nifty.com/blog/2013/04/post-d53d.html
http://kotoramay.blog48.fc2.com/blog-entry-281.html
http://blog.goo.ne.jp/ryoukuno/e/5fa26d93674e6d1d00014c5f7df3f142b
http://blog-imgs-24.fc2.com/o/h/a/ohanasan/200804062)0416.jpg
http://jp.123rf.com/photo_5714504_sheep-mating-on-pasture-in-northern-germany.html
http://www.fotopedia.com/items/flickr-152503600/slideshow
http://myway.cocolog-nifty.com/blog/2010/06/post-154f.html
http://www.orchidboard.com/community/advanced-discussion/8864-australian-orchids.html
http://www.flickr.com/photos/wacrakey/7995905771/in/photostream/
https://lh4.googleusercontent.com/-EI44I89i-1o/SzRHOAfvVHI/AAAAAAAADP4/n7YYTdCGdas/IMG_5743.JPG
http://weirdnewsab.blogspot.jp/2012/10/man-strips-and-hen-jumps-inside-lion.html
http://exhibitioninquisition.files.wordpress.com/2012/08/norton-simon_great-tulip-book_flamed-tulips.jpg
http://www.marchimagesgallery.com/img_detail.html?id=698
http://www.ans.kobe-u.ac.jp/kenkyuuka/sigen/nettai.html
http://www.japanfs.org/ja/pages/029494.html
http://www.iwanami.co.jp/hensyu/jr/toku/1207/720gazou/no3-2/uki.jpg
http://tansoku159.iza.ne.jp/images/user/20110908/1543813.jpg
http://img5.blogs.yahoo.co.jp/ybi/1/02/e6/wakana522000/folder/131840/img_131840_60355041_0?1265856351
http://www.panoramio.com/photo/6257049
http://www.media.suteraharbour.com/images/low_resolution_image/sutera_sanctuary_lodges_-_mesilau/ssl_nepenthes_rajah__custom_.jpg
http://www.surnoticias.com/technology/personal-tech/3000-planta-carnivora-se-alimenta-de-excremento
http://blogs.yahoo.co.jp/kaoshin0318/GALLERY/show_image.html?id=35216206&no=6
http://usugejosei50.blog91.fc2.com/blog-entry-130.html
http://www.hyakka-saen.co.jp/nokogiriyasi/nokogiriyasi.htm
http://blog.fujinamireport.com/?eid=21
http://221616.com/corism/articles/0000063000/
http://www.shopcm.com/?pid=18491204
http://hanachuchu.blog.so-net.ne.jp/archive/c2300338623-1
http://www.tankosha.co.jp/books/bookfair/121127.html
http://ladygrey.tea-nifty.com/aquawin/2006/08/post_427e.html
http://plaza.rakuten.co.jp/ruby2/diary/?PageId=1&ctgy=13

カバー　アートディレクション　森本千絵（goen°）
　　　　デザイン　市原彩　香取徹（goen°）

本文デザイン　金子裕（東京書籍デザイン部）

DTP　川端俊弘（wood house design）

プリンティングディレクター　栗原哲朗（図書印刷）

そらみみ植物園
<ruby>しょくぶつえん</ruby>

2013年7月13日　第1刷発行
2016年3月9日　第8刷発行

著者─────西畠清順（にしはた せいじゅん）
発行者─────千石雅仁
発行所─────東京書籍株式会社
　　　　　　　東京都北区堀船 2-17-1 〒114-8524
　　　　　　　TEL　03-5390-7531（営業）03-5390-7455（編集）
印刷・製本────図書印刷株式会社

Copyright © 2013 by Seijun Nishihata
All rights reserved.　Printed in Japan
ISBN978-4-487-80808-3 C0095
出版情報　http://www.tokyo-shoseki.co.jp
乱丁・落丁の場合はお取り替えいたします。